U0421334

《荣格全集》入门导读，C.G.荣格亲自作序

9幅彩图，

10幅黑白图画，

以及19幅示意简图

荣格心理学

[匈]约兰德·雅各比 编著

陈瑛 译

生活·讀書·新知 三联书店

Title of the original German edition:
Jolande Jacobi
Die Psychologie von C. G. Jung
Eine Einführung in das Gesamtwerk,mit einem Geleitwort von C. G. Jung
First Published in 1940 by Rascher Verlag

Chinese language edition arranged through HERCULES Business & Culture GmbH, Germany.

图书在版编目（CIP）数据

荣格心理学／（匈）约兰德 · 雅各比（Jolande Jacobi）著；
陈瑛译. —北京：生活 · 读书 · 新知三联书店，2018.3 （2025.3 重印）
ISBN 978 – 7 – 108 – 06037 – 2

Ⅰ. ①荣… Ⅱ. ①约… ②陈… Ⅲ. ①荣格 (Jung, Carl Gustav 1875-1961) –
分析心理学 Ⅳ. ① B84-065

中国版本图书馆 CIP 数据核字（2017）第 167699 号

特邀编辑 张艳华
责任编辑 徐国强
装帧设计 康 健
责任印制 卢 岳
出版发行 生活 · 讀書 · 新知 三联书店
（北京市东城区美术馆东街 22 号 100010）
网 址 www.sdxjpc.com
图 字 01-2017-5774
经 销 新华书店
印 刷 北京隆昌伟业印刷有限公司
版 次 2018 年 3 月北京第 1 版
2025 年 3 月北京第 5 次印刷
开 本 635 毫米 × 965 毫米 1/16 印张 14.5
字 数 181 千字 图 35 幅
印 数 19,001– 22,000 册
定 价 39.00 元
（印装查询：01064002715；邮购查询：01084010542）

目 录

第三章　荣格学说的实际应用

前 言

本书初版于1940年，当时的公众非常需要一个全面完整的推介帮助他们了解荣格学说的基本脉络，使得博大精深的荣格著作更易于为人所接受和理解，这种需求的日益增长就是本书成书的动因。公众的巨大兴趣使得本书能够不断地得到扩展，不断地融入荣格的最新研究成果，并使本书的条理和构成不断地趋于完善。要在有限的篇幅内简明扼要地阐明一个著作等身的人六十年的研究成果，这几乎是一件难以完成的任务。荣格的著述富含心理学和人类学的知识，几乎涉及所有的生活领域和知识领域，本书至少可以促使有兴趣的读者自己去进一步深入研究荣格著作。 7

第五版的文字没有任何更改。为了帮助读者更好地理解那些表述简练、排列紧凑的艰深思想，本书收入了19幅示意插图，以加强表现力，同时书中还附有所谓的“无意识图画”，很多插画使用的是原始色彩，以提请读者注意，荣格为成年人的治疗所开辟的这一心理表现及其象征体系的新领域。脚注中列入了一些更正信息；引文可以在1967年开始出版的《荣格全集》中得到核实，书中还收入了简短的荣格生平介绍，并附有荣格德文出版物的目录。与之前版本不同的是，本版的第110页及其后几页集中对所有的插图做了说明。我希望，这样能够彰显本书的意义和目的，并保障其存在的合理性。

每次新版需要重点强调的是，荣格从未远离实践经验，始终坚守其界线。有些专业学科指责他越界，是由于他使用了特殊“类型”的材料，荣格心理学势必涉及其他的专业领域，任何一个实事求是的人都不难看[8]出，所谓越界不过是个表面现象。因为只有通过既总揽全局又细致入微的观察和思考，才能参透人的心理现象；不论那是一个健康人还是一个病人，这就需要极其广博的知识面。

本书规避了一切论战，一方面是因为论战永远无益于加强说服力，最终只会加强分歧；另一方面也是出于对一切严肃的学术研究和教学工作的敬重，哪怕各人的工作彼此之间是针锋相对的。心理世界超越人与人之间的一切不同，并超越时势，其中涵盖了人类一切行为的起始和终点。心理问题永远具有非常紧迫的现实意义。只要深入探究心理世界，不仅能从中找到人之所以可怕的关键所在，而且能在其中发现人类所能创造的一切崇高与神圣的萌芽，正因为有了这样的崇高与神圣，我们对于美好未来的希望才永远不会断绝毁灭。

在巴塞尔的一次讲座中，荣格说道：“我相信精神研究是未来的学科，心理学可谓最年轻的自然科学，还处在发展的初级阶段，但它是我们最迫切需要的学科，因为事实证明，人类最大的威胁不是饥饿和地震，也不是微生物和癌症，而是人本身，因为心理传染病的杀伤力远远超过最严重的自然灾害，而对此我们还不具备足够的防范能力。但愿心理学知识的广泛普及，能够使人们认识到最严重的灾害来自何方。”一个人如果至少能意识到这一点，渐渐地认清主宰自己心理的黑暗力量，并通[9]过将这种力量与自己的心理进行有机的结合，对其加以驯服，使自己不至于沦为黑暗力量的傀儡，那么他就不会在群体大熔炉中变成凶猛的禽兽，也就在真正持久的文明化道路上迈出重要的一步。如果一个人没有在自己的内心建立秩序，那么他就只能是一个摇摆不定、没有抵抗力的牺牲品，是群体的忠顺奴仆，永远成不了社会的自由成员。

每一个集体、每一个种族都会将其中平凡个体的心理状态放大并加以反映，群体行为揭示了每一个个体在创造历史过程中的心理深度和高度。一个人如果能够毫无畏惧地踏上“向内的道路”，战胜危险，勇敢地走到底，那么他也能勇闯“向外的道路”，走入外部的现实世界。集体生活中充满各种压制天性的工具，令人困惑，但他可以在其中游刃有余，既不会在内心道路的迷宫中迷失方向，也不会在群体的无名压力下沉沦，不论何时何地，他都能拯救自己独一无二的人格价值。

在此我要感谢 C. G. 荣格教授，自本书初次出版时他就给予我充分的理解和支持，他为初版所撰写的充满赞许的序言，至今仍有很大的影响。此外我还要感谢托妮·伍尔夫，她审阅了最初的手稿，并感谢 K. W. 巴什教授，他首次将本书翻译成了英语。另外要感谢的是 Candid Berz 先生，他在脚注工作中提供了帮助，还有我的儿子 Andreas，他完成了作者、人物、事件的索引和荣格德文著述目录的收集工作。我还要衷心感谢曾多年关照本书的拉舍尔出版社（苏黎世），以及现在负责本书出版的瓦尔特出版社。另外不能忘记的是无数的读者，他们的赞许对本书在全世界的广泛流传大有帮助。

约兰德·雅各比博士

1972 年 1 月

荣格序

11

本书为满足广大读者的普遍需求，言简意赅地介绍了我的心理学观点的基本脉络，这是我自己至今无法做到的事情。我在心理学方面所做的基本上都是开拓性的创新研究，既无时间也无机会进行自我推介，而雅各比博士出色地完成了这个艰巨的任务，她成功地摆脱了琐碎细节的束缚，她所编纂的提要囊括了所有的要点，使读者可以借助于参阅说明和我的著述目录，通过最短的捷径，找到他们想要的东西。本书除文字之外，还附有一系列示意图，有助于读者更切近地感受各种功能关系，这可以说是本书的一大优点。

有人认为我的研究所涉及的是纯粹的理论说教，但本书作者并不纵容这种观点，这是我特别满意的地方。这一类的推介很容易染上某种教条色彩，这对于我的研究成果和观点学说并不合适，因为我相信，涵盖并表达一切心理内容、过程、现象的终极理论还远远未到出炉的时候，因此我将我自己的心理学观点视为建议，我只是在与人打交道的直接经验的基础之上，努力构建带有自然科学性质的新型心理学。我的研究领域并不是精神病理学，而是包含病理学实践材料的普遍心理学。

我希望，本书不仅能使广大读者大致地了解我的研究活动，而且能为他们的检索工作提供捷径，对他们的学习研究大有裨益。

C. G. 荣格

1939 年 8 月

绪 论

13

荣格心理学分为一个理论部分和一个实际应用部分，它们大致可以概括为：第一，心理结构；第二，心理过程和心理反应的规律；第三，实际应用部分，它是以理论为基础形成的，比如狭义的治疗方法。

要想正确理解荣格学说，首先必须采取荣格的立场，承认心理的客观现实性。这个观点是相当新颖的，虽然听上去让人有些不习惯。直至几十年前，在众人眼中，心理系统还不是一个有着自身规律的自成一体的系统，大家总是从宗教、哲学或自然科学的角度去观察和解释它，所以根本认识不到它的真正本质。

而荣格认为，心理的客观现实性并不亚于身体，虽然无法触摸，但是它可以直接得到清晰明确的观察和体验。心理是一个自成一体的世界，有其自身的结构、规律和表现方式。

关于这个世界和我们自身的一切知识都要经过心理的中转才能为我们所有。"我们只能在心理机制允许的范围内认识宇宙的本质，这是没有任何例外的。"[1] 所以，现代心理学以实践经验为基础，以其研究对象

---

1 荣格：《心灵与大地》(1931)，《荣格全集》第10卷，§68。本书注释中出现的《荣格全集》，如无特别注明，指的都是由莉莉·荣格-默克尔（Lilly Jung-Merker）、伊丽莎白·吕夫（Elisabeth Rüf）等编辑整理，奥尔腾瓦尔特出版社（Walter Verlag）自1971年开始出版的德语版20卷本。奥斯特菲尔登帕特莫斯出版社（Patmos Verlag）2011年出版的平装本《荣格全集》内容与瓦尔特版完全一样。

和研究方法而论，它属于自然科学，但是以其解释方式而论，它属于人文科学。“我们的心理学考察的既是自然人，也是文化人，所以在解释的时候，生物性和精神性这两方面都要兼顾，作为医疗心理学，它针对的是整个人，”[1] 荣格说道，“心理学探索因适应力降低而致病的原因，疏理在神经症的思想情感中盘根错节的羊肠小道，目的是要找到一条走出迷途、回归正常生活的道路。所以我们的心理学是实用学科，我们不是为了研究而研究，而是为了有所帮助而研究。可以说，学术不是心理学的主要目的，而是副产品，这与一般所谓的‘学院式’学术有很大的区别。”[2]

14

荣格就是以此为前提发展了自己的学说，而我们也必须以此为前提理解他的学说，但不是像纯粹的心理学至上主义那样贬低其他的认识途径，也不是像心理至上主义或泛心理至上主义那样，强调一切客观存在的东西都具有心理性质。荣格的根本目的是，将心理作为我们天生的认知世界的“器官”加以研究，并观察和描述其现象，使之恢复正常秩序。

神学、心理学、历史学、物理学、生物学以及其他许许多多的学科，同样都提供了研究客观真相的可能性，并且在一定程度上可以相互替换，相互交融，具体采用哪种视角，要看正在讨论的是什么样的问题，或者要看研究者有什么特别的立场观点。荣格代表的正是心理学的立场观点，其他的立场观点自有其他领域的研究者负责。荣格学说的基石是他对心理事实深入而广泛的认识，所以他的思想体系不是沉思冥想得来的抽象理论，而是建立在坚实的经验基础之上的高楼大厦，**实践经验是其唯一的依据**。荣格心理学的两大支柱：一是心理整体的基本原则；二是心理能量的基本原则。

1　荣格：《分析心理学与教育》（1926），《荣格全集》第 17 卷，§ 160。[§ 符号为段落号。——译注]
2　同上，§ 172。

为了更好地掌握荣格学说的两大支柱以及实际应用，我们应该尽可能使用荣格自己提出的定义和解释。[1]这里还要指出，当主要涉及心理分析的实践活动时，荣格将自己的学说定名为“分析心理学”，这是他在 1913 年与弗洛伊德分道扬镳后为了避免与其“精神分析”学派相混淆而选择的名称。后来他又提出“复合心理学”（Komplexe Psychologie）的概念，并总是在主要涉及理论原则的场合使用这个概念，为的是强调他的学说与其他心理学学说（比如纯粹的意识心理学或将一切都归因于性冲动的弗洛伊德精神分析学派）不同，它研究的是极其错综复杂的心理实况。“复合心理学”之名近年来已渐渐隐退，尤其因为这个名称在翻译成外语的时候容易造成误导，所以现在包括理论部分和实用部分在内的整个荣格学说，都被称为“分析心理学”。 15

1 这里应该特别指出，“无意识”指的是容纳意识之外心理内容的区域，这个概念其实是个不合法的实体化，但用作假说在工作中极为有效。

第 一 章

心理的结构与本质

意识与无意识

荣格所说的心理指的不仅仅是我们通常所谓的“内心”，它还指所有心理过程组成的一个整体，包括有意识的过程和无意识的过程。按他的说法，内心只是某种“局限于一定界限之内的功能复合体”[1]，而心理则更为广博、深远，它由意识与无意识[2]两个区域组成，这两个区域的特性既彼此对立又彼此互补，而我们的自我则兼涉两区。

1 由于“内心”“精神”“才智”这些概念在日常用语中的使用相当混乱，时而狭义，时而广义，使得本来就不易理解的心理学变得更为艰涩难懂，所以我尽量将每一个概念的意义都限定在特定的范围之内，使用时尽可能仅限于这个意义。“内心”在荣格心理学的术语中有其特殊的含义，指的是局限于一定界限之内的功能复合体，我们可以视之为“内在人格”。个人的自我意识与这个“主体”和与外界客体同样相关。荣格的定义中是这样说的：“我们将主体理解为‘内在客体’，它就是无意识。……所谓内在人格，就是一个人按照内在心理过程采取的行为方式，是他的内在倾向和无意识性格。……我将内在倾向称为……内心。……外在倾向往往具有一定的自主性，而内在倾向，即内心，也要求同样的自主性。……从经验看，内心往往包含意识倾向所不具备的一切人类共有的普遍特性。”[荣格：《心理类型》(1921)，《荣格全集》第6卷，§§803、805、806。]这里所说的“才智”指的是受意识支配的理智的思考力和理解力，是个人纯粹理性的一面。而“精神”是既属于意识范围，又扎根于无意识的能力，它以洞察和表现的形式创造出文学艺术、宗教道德，以及各种感性的成就，同时也为个人的思考和判断行为以及情感方式染上特定的色彩。从这个意义上说，“精神”既包含才智也包含内心，是两者的结合和“提升”，作为塑形原则，它与不成形的生物本能形成对极，两者之间始终存在的张力就是心理生活的基础。这三个概念都是心理整体中的“分支系统”，如果讨论的是包含意识和无意识在内的整个心理整体，那就要用到“心理”这个概念。

2 第一个系统、科学地研究无意识的人是S. 弗洛伊德（1856—1939），他是现代深度心理学的奠基人，其贡献永远不可磨灭。

示意图 1

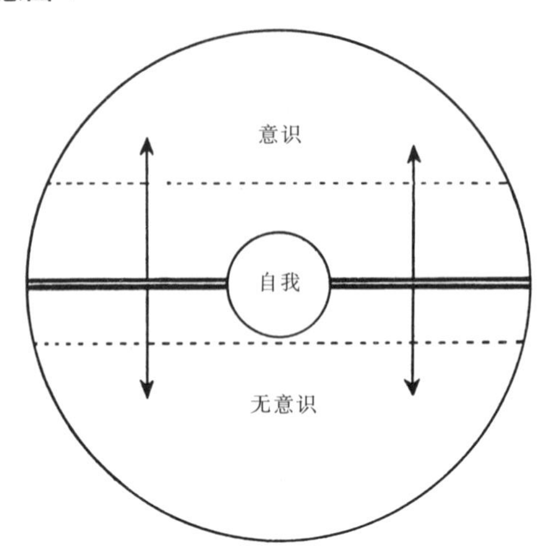

如示意图 1[1] 所示，自我伫立于两区之间，这两个区域不仅在体量上

1　这个示意图以及后面所有的示意图都是辅助图，读者看图不可过于拘泥，这些图只是尝试用简单明了的形式帮助读者理解抽象复杂的功能关系。必须承认，这种尝试尚有不足之处。我们选择圆圈用以表示个体心理相对封闭的整体系统，整体从来都是以圆圈或球体作为象征。在新柏拉图主义哲学中，心灵与圆圈之间有着特别的关系。[新柏拉图主义是罗马帝国衰落时期（公元 3—5 世纪）的神秘主义哲学，是以柏拉图的理念论与神秘主义思想为基础，吸取亚里士多德主义、斯多葛主义、毕达哥拉斯主义等古希腊、罗马哲学的部分内容，再与东方的宗教哲学糅合在一起，进一步使之神秘化而形成的。该学说认为最高的本体是三一体，虽是三个领域，但实际上是统一体，其中最高终极本原"太一"居于同心圆的中心，依次流溢、喷射、散发、光照心智和灵魂；"心智"领域包含一切原型或有生命的理智，它处于同心圆的外圈，相当于柏拉图的理念世界；"灵魂"领域则处于心智的外圈，联结心智和可感物质世界。从"太一"到"心智"到"灵魂"的各级存在领域，都是由高一级的领域派生的，但是这种派生，是由终极本原向外流溢和向内回归的双重运动构成的。一方面出于原始的创造力从"太一"向外流溢，另一方面是通过对"心智"原型或高一级存在领域的沉思，即伦理的或宗教的反思运动，回到所从出的终极本原"太一"。贯穿整个新柏拉图主义的思想模式是，高一级存在领域和低一级存在领域的关系是原型和影像的关系。——译注] 此外还可以参考柏拉图的圆球人。[柏拉图在《会饮篇》中通过阿里斯托芬之口讲述了圆球人的神话故事，说最初的人是圆球形的，身体各组成部分的数目都是今人的两倍，但是宙斯为了削弱人的力量，增加人的数量，把圆球人劈成两半，又通过阿波罗的处理加工，人才变成了后来的形象，但是每一个人都只是原来的半人，所以都非常渴念自己的另一半。于是宙斯调整了人类的生殖部位，使人可以通过交媾重新获得完整性，这就是人类性爱的起源。——译注][荣格：《个性化过程中的梦境象征》(1936),《荣格全集》第 12 卷，§ 109 及注释 41。]

互为补充，而且其功能也是互为补充和平衡的。也就是说，如图中的箭头和虚线所示，自我中那条划分两区的分界线可以上下移动。图中的自我居于正中，当然只是为了便于抽象的想象，既然可以移动，就说明上面的区域越小，意识就越狭窄，反之亦然。

观察一下两区之间的关系，不难发现，我们的自觉意识在整个心理中所占的份额相当有限，人类的发展史告诉我们，意识是后来分化形成的产物，无意识就像拥抱全世界的海洋，而意识就像一个小小的孤岛漂流在这无边无际的海洋中。[1] 示意图 2 中，中间的小黑点代表的是我们的自我，为意识所环绕和承载，在我们的心理中主要负责适应外界，尤其在我们西方文化中是这样。“依我的理解，‘自我’是一种由某些意念组成的情结，构成了意识领域的核心，依我看来，这种情结具有高度的稳定性和同一性”，[2] 荣格说，他也将自我称为“意识的主体”[3]，而对于意识，他的定义则是“维系心理内容与自我的关系的功能或活动”[4]。我们所有的内外体验都必须通过自我才能被感知，因为“与自我的关系如果得不到自我的认可，那就只能是无意识的”[5]。外层圆圈显示意识区处于无意识内容的包围之中，由于我们的意识不能同时容纳很多内容，所以一部分内容暂时退出，但随时可以再次进入意识，这是一种无意识内容。

20

1　参见荣格：《心理学与宗教》（1940），《荣格全集》第 11 卷，§ 141。

2　荣格：《心理类型》，《荣格全集》第 6 卷，§ 730。

3　同上。关于自我的发展，近来在荣格的学生圈中出现了多种假说，但都不尽如人意。其中让·皮亚杰 [Jean Piaget（1896—1980），瑞士儿童心理学家和认识论者，日内瓦学派的创始人。——译注] 在很多著作中提出的假说虽然没有特别照顾到深度心理学的观点，但它却是最具科学实验基础、最好的一种假说。无论如何，即便对于荣格来说，弗洛伊德的观点依然是根本基础。

在日常用语中，“意识”常与“思维”混淆，这是不对的，因为情感、意志、焦虑及其他生活现象也都是有意识的。同样，“生命”与“意识”也不能混为一谈，比如一个人睡着了或者昏迷了，虽然没有了意识，但生命还在。意识也有不同的水准和程度，比如“感知”是一种意识行为，但并不“处理”所感知的内容，也就是说，“感知”是被动行为，不同于理解、表态等过程。

4　同上，§ 687。

5　同上。

示意图 2

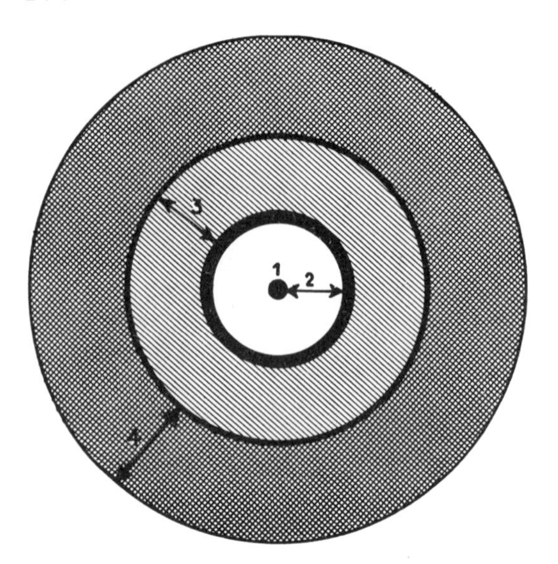

1= 自我 2= 意识领域

3= 个人无意识领域 4= 集体无意识领域

还有一种无意识内容，是我们出于各种原因不喜欢而予以压抑的内容，也就是“形形色色被遗忘、被压抑的东西，以及阈下的感知、思考和情感”[1]。荣格称这个区域为“个人无意识”[2]，以此区别于“集体无意识”，如示意图 3 所示[3]，因为无意识的这一集体部分包含的并非个体所独有的或个人后天获得的内容，而是“得自遗传的心理作用方式的可能性，与得

21

1 荣格 :《心理类型》,《荣格全集》第 6 卷， § 842。

2 同上， § 642。弗洛伊德将随时可以升入意识的内容所在的区域称为“前意识”，而将受到压抑的不通过专门的技术无法得到意识化的内容所在的区域称为“无意识”，荣格将两者都并入“个人无意识”。

3 在示意图中，有时是自我居中，有时是集体无意识居中，这取决于不同的观察角度。如果我们要在图中显示无意识的“区域”或“层面”，那就等于将发展史的观察角度转变成空间方位的观察角度，这样便于我们通过“拓扑学”为极其错综复杂的心理系统厘清头绪，这仅仅是一种工作方法而已，没有更多的意义。

示意图 3

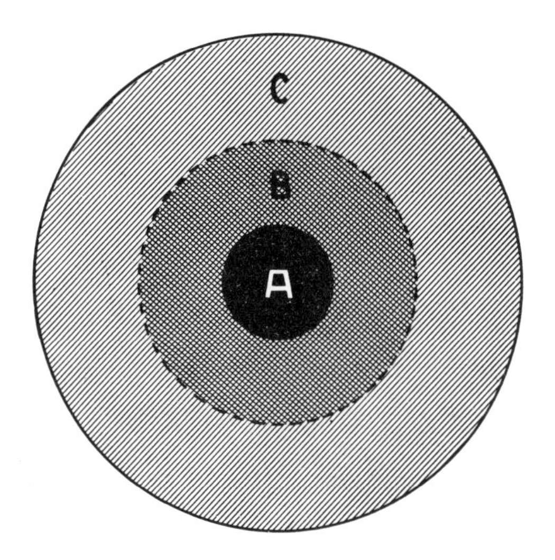

A= 永远不会进入意识的集体无意识部分

B= 集体无意识领域

C= 个人无意识领域

自遗传的大脑结构[1]密切相关”。这份遗产是人类普遍共有的，甚至可能是动物普遍共有的，它构成了一切个体心理内容的基础。

“相比意识，无意识的历史更为悠久，它是‘初始存在’，而意识则是从中不断析出而成的。”[2] 所以说，意识是“在真正的心理活动基础之上

22

1 荣格：《心理类型》，《荣格全集》第 6 卷，§842。这里我们必须正确理解“大脑结构”这个词，心理就其表现来看，与我们的身体存在是密不可分的，但这并不等于说心理“依赖”生物性。“心理有资格作为一种独立现象存在，虽然心理与大脑结构紧密相关，但我们没有理由将其视作大脑结构的副现象，就像我们不能把生命视作有机化学的副现象一样。”[荣格：《论心理能量》（1928），《荣格全集》第 8 卷，§10。] 荣格还说：“我们完全有把握断定，就我们自己而言，死亡会终结我们的个体意识，但心理过程是不是也就此中断了，这还很难说，因为相比五十年前，我们现在更无法确定心理对大脑的依附性。”[荣格：《灵魂与死亡》（1934），《荣格全集》第 8 卷，§812。]——相反，心理是不受时空约束的，一切无意识的东西似乎都置身于时空之外。

2 荣格：《童梦讲座》1938/1939（自印本）。荣格著，洛伦茨·荣格和玛丽亚·迈耶尔格拉斯编辑整理，《童梦》（编辑加工的版本），奥尔腾瓦尔特出版社，1987 年，第 21 页。

次之产生的，而真正的心理活动是无意识的职能”[1]。如果认为人的基本态度是可以意识到的，那就错了，因为“我们的很大一部分生命是在无意识中度过的：睡觉或打盹。……在所有重要的生活情境中，意识都依赖于无意识，这是无可争辩的事实”[2]。在人的幼年时代，生命起步于无意识状态，而后在成长中渐渐进入意识状态。

如果说所谓的个人无意识中的内容都来自于个人的生活经历，即个人所压抑、弃置、遗忘以及阈下感知的内容等，那么集体无意识的内容表现的则是人类自起源以来所积淀的典型反应方式，无关乎种族、历史背景及其他差异，这些典型反应方式针对的是生而为人普遍都要面对的各种情境，诸如焦虑、危险、反抗强权、两性关系、父母与子女的关系、父母的形象、爱与憎、生与死、黑白两道的权势等等。

无意识具有很强的平衡补偿能力。面对各种情境，意识产生的往往是个人特有的与外部世界相适应的反应，而无意识则针锋相对，它能从整个人类的经验中酝酿出符合内心世界惯常行为方式和迫切需求的典型反应，从而使人能够从心理的整体全局出发，采取一种适中的态度。

意识功能

在进一步详解无意识之前，先让我们仔细看看意识的结构和原理，

23

如示意图 4[3] 所示。圆圈依然表示心理整体[4]，四个方向上标注的是每个个

1 荣格：《童梦讲座》1938/1939（自印本），第 116 页。

2 同上，第 21 页及第 117 页。

3 为了简便起见，所有的示意图都以思维功能为主导功能，当然也可以把其他任何一种功能移到这个位置上。

4 荣格理解的“整体”概念不仅仅是完整的一体，它还含有整合之意，是各分部的有机统一，创造性的综合，与“自我调节系统”这个概念有共同之处。

示意图 4

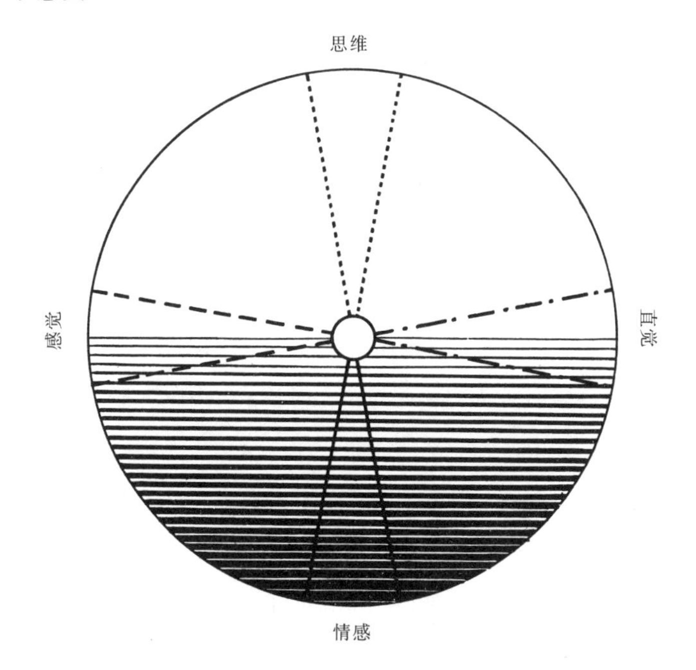

体与生俱来的四种基本功能：思维、直觉、情感和感觉。

荣格所理解的心理功能是某种“在不同情况下万变不离其宗的心理活动形式，与具体内容毫无关系”[1]。比方说思考，若论心理功能，最重要的不是思考的是什么，而是在接收和加工处理内外两方面的材料时使用的是思维功能，而不是直觉或别的什么功能。这是一种把握和处理心理现实的模式，无须考虑其具体内容。所谓思维功能，就是凭借识见和思考力，厘清概念关联，依照逻辑进行推论，以期理解并适应世界上的万事万物；反之，情感功能则是以“可爱或可厌以及接受或拒绝”这样的概念来对事物作出价值判断。这两种功能都是理性功能，因为两者都要作出判断：思维功能以识见为依据判断“真—假”，而情感功能是以

24

1 荣格：《心理类型》，《荣格全集》第 6 卷， § 727。

情感为依据判断“喜欢—反感”。这两种基本态度相互排斥，一个人不可能同时采用这两种行为方式，其中只有一种能够占据支配地位，比如一个“情感政治家”的标志性特点就在于感情用事，毋庸赘言，他在作出决定时依据的往往并不是识见。

另外两种功能，感觉与直觉，是荣格所谓的**非理性**功能，因为它们绕开理性，不事判断，专事感知，对于价值和意义不做评论。感觉功能不偏不倚地感知事物的本来面目，它具有最出色的现实感，即法国人所谓的“现实功能”（fonction du réel）。直觉的作用也在于感知“现实”，但并非由感觉器官有意为之，而是由无意识的“内感”能力感知事物的内在可能性。比如说，感觉功能能够记住一个历史事件的所有细节，却不会去注意其历史关联；而直觉则会漫不经心地忽略细节，却能不假思索地感知事件的内在意义以及可能的关联和影响。再举个例子：在春暖花开的时候，面对美景，感觉功能会观赏并记住花草树木、蓝天白云等一切细节，而直觉则会品味整体的气氛和色调。很显然，这一对功能像思维和情感一样，也是彼此对立、彼此排斥的，也不能同时作用。

这种排斥关系既是可以直接观察到的事实（此处需要强调的是：荣格首先是个经验主义者），同时也是荣格的理论研究成果，而荣格理论正是经验的产物。这是很容易理解的，我们只要想一想，就拿思维和情感来说，这两种基本态度都以“判断”为要，仅从这个意义上说，两者就不可能同时生效，因为一个人恐怕不能同时使用两种不同的尺度从同一个方面去衡量同一个对象。

所有这些功能“能让人在现实世界中辨清方向，就像用经度和纬度确定一个地方的地理位置一样精准无误”[1]。虽然一个人生来就拥有全部四种功能，但从经验来看，他主要使用其中的一种功能待人处世、接收和处理各种材料并适应现实，具体用的是哪一种，可能是由个人的天性

1　荣格：《心理类型学》（1928），《荣格全集》第6卷，§958。

决定的。这种功能往往高度分化[1]和发展，"成为主导性的适应功能，它决定了意识观念的方向和性质"[2]，并时刻准备为个体自己能意识到的意志提供服务，所以它被称为分化功能或优势功能，它决定了个体的类型。所谓心理类型，指的就是一个总体特性，由于社会地位、智力水平或受教育程度的不同，同一特性在不同个体身上的表现形式千差万别，但是万变不离其宗。心理类型是"框架或骨架，预设并修正个体对各种体验材料的特定反应方式"[3]。

在前面的示意图 4 中，上半部分光明，下半部分黑暗，四种功能也画得比例均衡，从中可以看出各种心理功能的作用区域：优势功能完全属于光明区，也就是我们的意识区，与之对立的功能——我们称之为劣势功能或劣质功能——则完全隐没在无意识中，另外两种功能兼跨两区。[4]此处需要注意的是，实际上大多数人除了使用主导功能之外，另外还有一种在一定程度上得到分化和意识认可的辅助功能也能得到部分使用，普通人很难用到第三种功能。而第四种功能，即劣势功能，是意志根本无法支配的。当然，这只是自然生长的、心理相对"健康"的人

1 "分化"就是部分从整体中的分离和差异的增强，这个概念主要用于心理功能学说中。只要一种功能还与其他一种或多种功能交融在一起，还不能独立作用，那么它就是处于原始的未分化状态，还不能作为一个特别的部分从整体中分离出来，独立存在。未分化的思维功能无法独立于其他功能进行思考，行使职能时总是掺杂着感觉、情感或直觉；未分化的情感功能可能与感觉和幻想水乳交融，比如神经症患者的情感和思维都可能带上性欲的色彩。一般说来，未分化的功能都带有自相矛盾和意志障碍的特征，也就是说，每一种立场都伴随着自我否定，所以未分化功能的使用总会遭受压制和阻碍。未分化功能自身的各个部分也是交融在一起的，比如未分化的感觉功能中，各种不同的感觉领域相互混杂（色彩听觉），致使感觉功能受到损害，或者未分化的情感功能导致爱恨交加。只要一种功能是无意识的，那么它就是未分化的，它自身的各个部分之间以及它与其他功能之间都交融混杂，分不清彼此。分化就是将一种功能与其他功能分开，并使这种功能自身的各个元素彼此分离。——译注（摘译自荣格：《心理类型》，《荣格全集》第 6 卷，定义中的"Differenzierung"词条。）

2 托妮·伍尔夫：《荣格心理学研究》，苏黎世莱茵出版社，1959 年，第 92 页。

3 同上，第 86 页。

4 这是一个理论上的"模式"，并非现实表现，因为在现实中，意识功能的发展水平绝不会如此均衡对称。

示意图 5

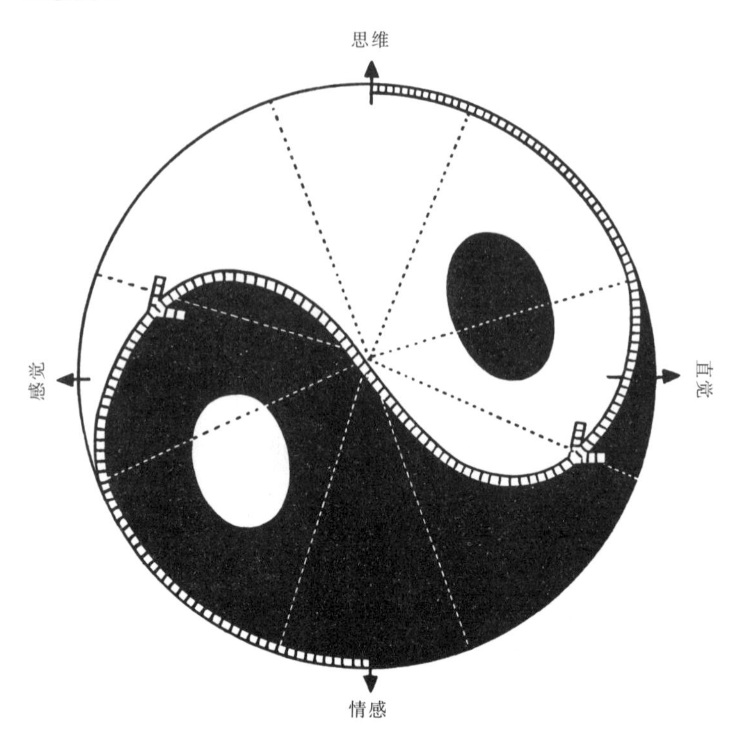

26 的情况，可心理有“障碍”的人，比如神经症患者，就不是这样了。他们或者是主导功能的发展受到遏制，或者是生来本该居于第二或第三位的功能迫于压力或经过训练被硬逼到前台，取代了主导功能的位置。在评判一种功能的发展水平时，年龄也是一个决定性的因素。一般说来，人到中年时（这个时间点可能因人而异），所有的功能都应该已经得到相应的分化，达到相应的发展高度。

中国的太极图可以很好地表现心理功能的等级和走势，这恐怕并非偶然，如示意图 5 所示。图中的道路不是沿着圆周线铺设的，而是按照上文所述的各种功能的关系走了一条内线。[1] 太极图是人类的原始

1 图中蜿蜒曲折的虚线表示分化的进程，箭头表示分化进程的走向。

象征，是敏锐洞察的成果，它将黑与白、阴与阳合而为一，“我们也可以将其视为上与下、左与右、前与后，总之是一个矛盾世界”[1]。有人可能以为，箭头的轨道应该呈十字形，但其实并非如此。图中的箭头从上往右（这两个光亮的扇形区可以作为父与子的象征），然后往左，掺入的黑暗成分开始多起来（女儿的象征），最后到达完全陷入黑暗的母腹，即黑暗的无意识之中的第四种功能，这与心理功能学的结论完全一致。主导功能和辅助功能是有意识的功能，受意志支配，它们在梦中的人格化形象是父亲和儿子，或其他象征最优先及其次意识原则的人物形象，依此类推，另外两种绝对或相对无意识的功能，其人格化形象往往是母亲和女儿。因为两种辅助功能之间的差别远远小于主导功能和劣势功能之间的差别，所以第三种功能也可能上升到意识区，从而变成“阳”性[2]。但是它随身沾带了些许劣势功能的东西，因此成为某种通往无意识的中介。第四种功能完全混杂在无意识中，一旦有机可乘，它就会裹挟着无意识中未分化的内容“闯入”光明的意识区，造成遭遇与争斗，也为意识内容与无意识内容的相互结合创造了机会。[3]

27

为什么荣格偏偏选择这四种功能作为基本功能，对此他“没有提供任何先验的依据，只是强调这个看法是在多年的实践中逐渐形成的”[4]。他区分这四种功能，“是因为它们彼此无关，或者更确切地说，它们不会相互削弱”[5]，并且按照他的经验来看，这四种功能可以囊括所有的可

---

1 《易经》，卫礼贤译注，耶拿迪德里希斯出版社，1924 年，第Ⅷ页。[卫礼贤，原名 Richard Wilhelm（1873–1930），德国神学家和汉学家，1899—1921 年在中国青岛担任新教传教士，1924 年成为法兰克福大学汉学教授，并在法兰克福创办“中国学社”，他翻译了大量的中国国学经典，使中国的传统思想在德语区内得到广泛传播。他的译著有：《道德经》《庄子南华真经》《易经》《吕氏春秋》《太乙金华宗旨》等等。——译注]

2 在象征体系中，光明往往代表阳性，黑暗代表阴性。

3 这主要指的是男性心理，其无意识成分带有女性特征。在相应的女性心理功能特征象征表现中，第三和第四种功能带有男性特征，但由于它们属于无意识，所以置身于黑暗中，这就不再符合象征体系的惯例。

4 荣格：《心理类型》，《荣格全集》第 6 卷，§ 727。

5 同上。

能性。[1] 自古以来，“四”就代表了完整、圆满，比如常见的坐标系统的四个区、十字架的四臂、东南西北四个方向，等等。

如果全部四种功能都能升至意识区，整个圆圈都置身于光明之中，那我们就可以说这是一个“圆满”的人，一个完美的人。纯粹从理论角度看，这还是可以想象的，但在现实实践中，这个结果只能无限接近，却永远无法完全达到，因为要将自身所有的阴暗面全部暴露在阳光下，恐怕谁也做不到，谁要能做到这一点，除非他“不食人间烟火”。

28

鉴于各种功能之间的相互排斥，一个人不可能同时采取多种基本态度，但他可以在意识提升的过程中将这些功能依次分化到一定的程度，让自己至少近乎于“圆满”。也就是说，如果我们能够完全按照自己的意志支配主导功能，高效使用旁侧功能，而对于第四种功能，即劣势功能，我们至少知道它是什么类型，知道它会在什么时候以何种方式展现自己——这也正是心理分析的理想目标——那么我们在面对一个对象时，就能用到所有这些功能，比如说可以首先获得认识，其次以直觉“感受”其内在隐蔽的可能性，然后使用感觉功能摸索其方方面面，最后，如果情感是劣势功能的话，还要尽可能判断该对象是否讨人喜欢。[2]

虽然一般说来，“从功能的强度、定力、一贯性、可靠性和适应性”[3] 很容易识别哪种功能是否得到了分化发展，但还是很少有人清楚地知道自己究竟属于哪种功能类型。劣势功能最重要的标准是粗糙、模糊、不可靠、易受影响，[4] 用荣格的话说：“不是人掌控它，而是它掌控人。”无论何时，只要有机可乘，劣势功能就会自发地从无意识中发力。它与无

1 很多心理学家也将意志看作一种基本功能，但荣格不这样看。他认为意志是四种基本功能都可自由支配的心理能量，意识的干预决定了这种心理能量的“方向”，所以意志力的强度和程度与意识领域的发展水准和规模密切相关。

2 这里的次序也像所有的示意图中一样，以思维为分化程度最高的功能。

3 荣格：《心理类型学》（1928），《荣格全集》第 6 卷，§956。有时从梦中人物的性格和出现方式可以推断哪种功能是劣势功能。

4 同上。

示意图 6

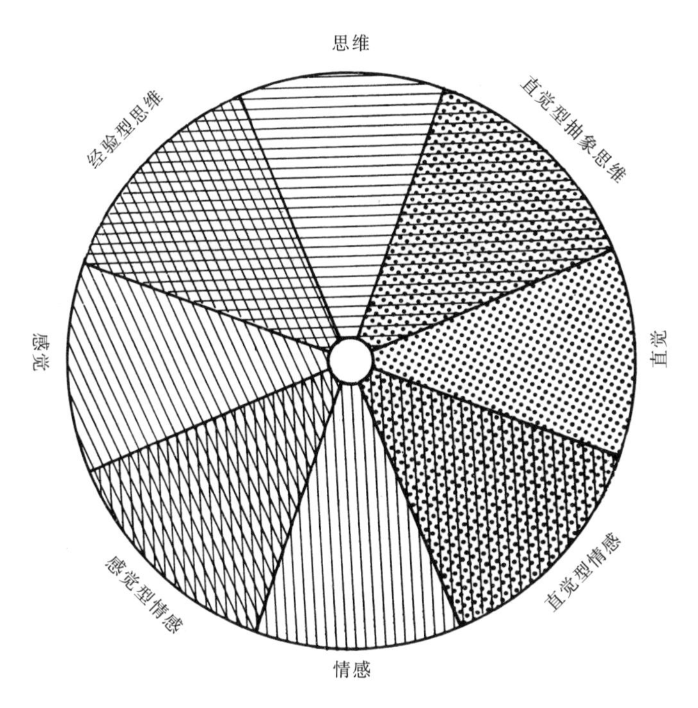

意识完全混杂在一起，丝毫没有得到分化，因而它带有幼稚的、粗蛮的、原始冲动的特性，所以有些人会突然一反常态，变得任性、粗野、冲动，把旁人吓一跳。

通过观察个体身上这种或那种占优势地位的功能可以确定这四种功能类型，当然这种形式只在理论上可行，在现实生活中，这些功能几乎从不单独行动，总是或多或少有所混合，如示意图 6 所示。要说纯粹思维型的人，康德可以算一个，而叔本华就只能算是直觉思维型了。功能与功能可以混合成多种不同的形式，但只有“相邻的”功能才能混合，混合后总有一种功能或多或少占些优势，这样一来，要将个体归入某种功能类型就非常困难了。两条轴线的两端分别是两对对立的功能：思维与情感、感觉与直觉，对立的功能仅从位置看就不可能混合，但它们无论如何都会相互补偿。举个例子，比如说有人过度重视一种功能，平常

29

只用思考力，那么对立的功能，即情感，就会自发地强行要求平衡，当然是以劣势功能的形式发挥作用，于是种种幼稚的情感就像背后偷袭一样，会突如其来地压向那个爱思考的人，冲动性的梦和幻想湮没了他，他深陷其中无力自拔。片面地使用直觉功能的人也是一样，备受冷落的感觉功能会用出其不意的打击迫使他考虑严峻的现实。

前面已经说过，对立的功能相互补偿，这是心理结构内在固有的规律。随着年龄的增长，优势功能会过度分化，这几乎是不可避免的，由此产生的张力就成了后半辈子的重大问题，而平衡这种张力也就成了这个阶段的主要任务之一。过度分化首先会导致平衡障碍,上面已经提到，这本身就是一大危害。

30

心理倾向

一个人归属于哪种心理功能的类型，这本身就是一个心理学指标，但这个指标还不足以描述此人的心理特征，我们还必须确定他的基本心理倾向，也就是他对内和对外所采取的反应方式。荣格定义了两种不同的心理倾向：**外倾**与**内倾**。心理倾向是个人在面对内外两方面的客体时表现出来的**反应姿态**，它决定了行为方式和主观体验，甚至还决定了无意识的补偿行为，它是对所有心理过程起决定作用的重要条件。荣格称这种姿态为中央转换处，个人以此为中心调节对外行为，并形成自己独特的体验。[1]外倾的标志性特征，是与客体保持积极的关系，相形之下，内倾者与客体的关系是消极的；外倾者按照外界的集体的标准，比如时代精神等，调整自己的适应形式和反应形式，而内倾者的行为主要是由

1　荣格：《心理类型学》（1928），《荣格全集》第6卷，§941。

主观因素决定的，所以他往往不能很好地适应外界。外倾者“所想、所感、所为都与客体有关”[1]，他将自己的兴趣移出主体，移到客体身上，他为人处世的方式主要取决于外界。[2]而对于内倾者来说，主体是定位的出发点，客体最多轮到第二位，只能间接发挥作用，这种类型的人遇事时的第一反应往往是后退，“好像在轻声说不”[3]，而后才能作出真正的反应。

如果说心理功能类型说明的是领悟和再现体验材料的特有方式，那么外倾和内倾两种心理倾向说明的则是总的心理姿态，即心理能量总体的流动方向，荣格所理解的力比多就是心理能量。心理倾向类型扎根于我们的生物学环境，是先天决定的，在人出生的时候，心理功能类型远远不像心理倾向类型那么确定。虽然大体说来，主导功能的选择取决于我们生来偏爱分化哪一种功能，但有意识的努力可以大大改变甚至遏制这种选择，而要改变心理倾向，就必须进行“内部改造”了，也就是改变心理结构，要么来一场突变（也是由生物学因素引起的），要么通过“分析”[4]艰难地推动一个心理发展过程。

与第二和第三种功能，即两种辅助功能相比，第四种功能，即劣势功能的分化要困难得多，因为它不仅与主导功能距离最远，差别最大，而且它与隐蔽的、未分化的、尚未获得表现机会的心理倾向是重合的，通过这种浸染，外倾思维型的内倾性带上的杂音，并非来自于直觉或感觉，而是首先来自于情感。

外倾与内倾也是互为补偿的，如果意识是外倾的，那么无意识就是内倾的，反之亦然，这是心理学中非常重要的认识。对此，托妮·伍尔夫在她的《复合心理学基础导论》[5]中是这样说的：“外倾者的无意识是内

1　荣格：《心理类型》，《荣格全集》第 6 卷，§719。

2　所以荣格也称之为“定向类型”。

3　荣格：《心理类型学》（1928），《荣格全集》第 6 卷，§937。

4　关于生物性障碍和心理性障碍之间的关系，以及荷尔蒙和心理的关系方面，已经有了大量的相关著作和研究成果，见施泰纳赫（Steinach）、弗洛伊德、怀斯等。

5　托妮·伍尔夫：《荣格心理学研究》，第 87 页。

倾的，当然，由于没有被意识到，这种内倾性还处于未分化的冲动状态。当无意识对立面突然爆发时，主观因素就会强行发挥作用，于是一个积极入世，与周围人都能和睦相处的人，就会暂时甚至最终变成一个以自我为中心的、牢骚满腹的、挑剔的人。他怀疑一切，认为谁都动机不纯，他觉得自己受到了孤立和不公正的对待，人人都对自己抱有敌意。当他在客体——而且往往是一个倾向对立的客体，即一个内倾型的人——身上发现自己的缺点时，或者说当他将自己的缺点投射给这个客体时，往往就说明意识态度已经自动过渡到对立的无意识态度了，当然这会引发不愉快和不公平的争端。”

32

如果一个内倾型的人突然爆发对立的无意识倾向，那么他就会在一定程度上变成一个适应不良、不够格的外倾者。他会把主观材料劈头盖脸地投射给外部的客体，使之产生某种魔力，于是形成莱维-布律尔[1]所说的“神秘参与”[2]，他用这个概念说明的是原始人对自然现象的认同。当然，这种情形尤其多见于爱与恨的关系，因为强烈的情绪本来就容易触发投射机制。[3]

---

1 Lucien Lévy-Bruhl（1857—1939），法国人类学家、哲学家和社会学家，致力于研究原始人的心理状态，以及研究文明人与原始人思维的本质区别。他认为原始人的思维没有因果关系的概念，混淆自然与超自然现象，缺少逻辑和抽象能力，所有逻辑范畴均由集体意识产生。他的若干观点常为荣格提及，其中集体表象的观点由荣格发展成为原型理论。其主要著作有：《在下层社会中的心理作用》《原始心理》《原始心灵》《超自然和原始心理状态里的本性》《原始的神话》《神秘的经验和原始人的符号》等。——译注

2 “Participation mystique”，这个术语是莱维-布律尔的首创，指的是主体与客体之间的一种心理联系的方式。其特别之处在于，主体不能明确区分自身与客体，两者之间的直接关系可被称为局部同一性。这种同一性是以主客体之间先验的一体化为基础的，“神秘参与”是这种原始状态的残余，它不能解释主客体之间的全部关系，只说明这种特殊的关系。当然，“神秘参与”这种现象在原始人身上表现得最为明显，但在文明人中也并不罕见，只是范围和程度不同而已。在文明人中，这种现象一般出现在人与人之间，这就是所谓的移情关系，此时客体会对主体产生无条件的影响作用；这种现象也可能出现在人与物之间，要么物对人产生同样的影响作用，要么人对某物或与该物相关的思想观念产生认同。——译注（摘译自荣格：《心理类型》，《荣格全集》第6卷，定义中的“participation mystique”词条。）

3 荣格说：“激动情绪总是出现在适应失败的地方。”（荣格：《心理类型》，《荣格全集》第6卷，§810）

在生活中，当一个人因为片面的发展再也不能适应现状的时候，他的意识倾向就会难以为继，这种情况往往发生在他与一个具有对立倾向的客体建立亲密关系的时候，此时相反的倾向会发生碰撞，彼此不理解，都把过失推给对方，因为对方身上有他在自己身上没有发现，因而也没有发展的特性，他自己的这种特性只能以劣势的形式存在。所以，婚姻问题、父母与子女间的代沟、朋友间或职场上的摩擦以及社会分歧和政治分歧，所有这一切真正的心理根源往往都是心理类型的冲突。在这些冲突中，所有我们在自己的心理中没有意识到的东西都会出现在客体身上，只要我们在自己身上没有认识到投射内容，就会把客体当成替罪羊。所以说，让自己身上天生就存在的无意识倾向得以表现出来，这是人人都面临的道德任务，**有意识**地接受和发展自己的无意识倾向，不仅能使个体自己获得平衡，而且也能使他更好地理解别人。[1]

随着年龄的增长，心理功能之间以及意识倾向和无意识倾向之间的对立会逐渐加剧，但往往要到后半生才会形成冲突，这是人生这个时期心理状况发生变化的预兆。特别是那些交际广泛、精明能干的人，一过四十岁，突然发现自己虽然“头脑绝顶聪明”，却应付不了家庭纠纷，或者在职场上事事不顺。如果他们能够正确理解这个现象，就应该知道劣势功能在要求自己的权利，与之达成协议已是势在必行。对这个年龄段的这一类人进行心理分析时，直面其劣势功能是开始阶段最重要的事情。

33

这里还要指出另外一种心理平衡障碍，相比那种由于片面分化主导功能引起的障碍，这种障碍也并不更少见，它的成因是四种功能中没有一种得到发展，也就是四种功能都得不到分化。儿童在形成牢固的自我之前，心理就处于这种状态。自我意识的形成是一个漫长而艰难的集中

1　荣格在《无意识心理学》（1943,《荣格全集》第 7 卷）中对外倾与内倾这两种性格类型做了非常详尽的描述。

发展的过程，与主导功能的发展和巩固同时进行，到人成年时，也就是青春期结束时，这个过程就应该完成，如果过了这个年龄还未完成，或者到上了年纪时，这个过程还停滞在发展的初始阶段，那么我们看见的就是一个不成熟的孩子气的人。虽然他年龄已经不小了，但他在所有的判断和行为中都表现出极端的不自信，始终摇摆不定。这样的人在遇到这样或那样的情境时，总是首先要决定在两种倾向或四种功能中他该使用哪一种，所以他很容易被人施加影响，面孔变来变去，或者为了抵制自己的缺乏主见，他会戴上一副特别古板僵化的面具，以为这样能很好地掩饰自己心理的发育不良。从经验看，这种欠缺会在生命的紧要关头突然显现，造成剪不断理还乱的困境。功能发展不够和过度分化同样有害，永远处于青春期的人就是这方面的实例，哪怕他是多么阳光、多么可爱的“永恒少年”。“永恒少年”不仅代表初始阶段的固着，即发展的滞后，而且也蕴含着继续发展的可能，一切没有得到发展的东西中都蕴含着潜在的发展机会。

隔离和分化那种最能让人安身立命并胜任外界要求的功能，是青少年阶段最重要的心理任务。只有在这个任务圆满完成之后，其他的功能才能得到分化，因为在意识牢牢地扎根于现实世界之前——这要到人成年时，甚至上了年纪有了一定的人生阅历后才能实现——如果不是万不得已，人不能也不应该踏上通往无意识的道路。

心理倾向也是一样。天生的倾向在前半生处于主导地位，因为一个人天生的秉性恐怕最有利于他在世间安身立命，直到中年以后，他才面临发掘对立倾向的任务。前半生最重要的任务是适应外界，毋庸赘言，天生外倾的人比天生内倾的人更容易做到这一点。也许我们因此可以断言：外倾者在前半生活得更滋润，而内倾者在后半生更如鱼得水，至少在一定程度上可以扯平了。

这两种类型都面临的危险是片面性。精明能干的人会因为外倾而入世过深，以至于找不到“回家”的路，他对自己的内心感到很陌生，他一直在逃避，直至有朝一日无处可逃，或者他过于信赖自己的理性，总是只操纵和加强自己的思维功能，但是他早晚会发现，他已经疏离了自己生气勃勃的内核，他的情感都够不到自己最亲近的人。内倾者也是一样，他那片面的姿态也会使生活中的困难与日俱增，受到忽视的功能和得不到表现机会的倾向会奋起反抗。它们要求见得天日，如果没有别的出路，它们就会通过神经症强行达到自己的目的。而最终的目的是心理的完整，那意味着一个人可以有意识并且轻松地支配三种心理功能和两种心理倾向，而对于第四种功能的性状以及危害，他至少要有所了解。一个人一生中不论通过什么方式，至少要努力一次，力求接近这样的理想状态。如果早年没有这样的要求，那么中年是最后的期限，要么此时做到，要么永远做不到，这是为了“完善”自己的心理，使它不至于以不成熟的青涩状态走向生命的晚年。

35

创作者的类型问题

人几乎总是认识不到或不能正确地认识自己属于哪种心理功能类型，对于心理倾向类型也一样，要把它从令人眼花缭乱的心理图像中剥离出来还真不容易，那需要经过旷日持久的心理研究。一个人生来与无意识的关系越密切，其心理倾向的类型就越难识别，一切艺术气质的人都属于这种情况。

创作者和艺术家，他们天生就与无意识保持着非同寻常的关系，简直可以和无意识“直接对话”。他们很难被归入某一种类型，何况我们不能将艺术作品与艺术家混为一谈。比如说，同一个艺术家，可能在生活中属于外倾型，而在他的作品中却属于内倾型，或者也可能反过来。从心理的对立性原则来看，这是很容易理解的，尤其有些艺术家在他们的作品中表现的不是他们自身的形象，而是与他们自身互补的形象，那么他们和他们的作品就要分属两种不同的类型。另外也有一些艺术家，他们的作品表现的不是自己未见天日的另一面，而是表现了自身的“升华”，好似一幅经过修饰美化的自画像。这些艺术家和他们的作品就属于同一种类型，比如内倾型的艺术家把自己写进小说中，以细腻的心理描写刻画人物，或者外倾型的艺术家热衷于描写探险之旅和探险英雄，他们都与自己的作品类型一致。

荣格相信，外倾型的创作是艺术地再现作者在外部世界的经历体验，而内倾型的创作则是作者内心世界的内容控制了作者之后“发生”的，这些意义丰满的内容自动流入了作者的书写笔或画笔。

如果我们能够跟踪艺术创作过程，就会发现，所谓创作就是激活在无意识中休眠的人类永恒象征，对其加以发展和塑形，使之成为一件完整的艺术作品。“用原始意象说话的人，就等于用千万种声音说话，他能打动人心，同时他能化倏忽为永恒，以个人命运表现人类命运，激发我们的内在力量。这种力量曾经帮助人类度过漫漫长夜，排除千难万险以自救，这就是艺术效力的秘密。”[1]

荣格赋予想象力的创作活动以特殊的地位，甚至为之开辟了一个专门的类型，因为依他看来，艺术想象不能被归入四种基本功能中的任何一种，或者说，艺术想象兼涉全部四种功能。一般认为，创作灵感完全来自于直觉功能，也就是说，每一个艺术家都必须以直觉为主导功能，这是个错误的看法。在创作活动中，想象虽然是灵感的源泉，但想象可以被分派给四种功能中的任何一种。艺术家的想象是一种特别的天赋或能力，既不同于用来提升、激活和固定集体无意识意象的“积极想象”，也不同于作为领悟模式即心理功能的直觉，这些概念不能混淆。不论是“直觉”还是创作灵感，或者说想象的产物，从它们领悟和处理的方式

1　荣格：《论分析心理学与文学作品的关系》(1922)，《荣格全集》第15卷，§§129及以后。

才能看出功能类型，所以作品作为创作的产品，从格调看，与其创作者可能并不是一个类型，推断艺术家类型的依据不能是作品的内容，而只能是其处理方式。从原则上说，艺术家的想象与常人无异，但是艺术家之所以能成为艺术家，不仅因为他们的想象非常丰富、独特、活跃，更重要的原因是，他们拥有出色的塑形能力，能将自己的灵感有机地组合起来，形成一个富有美感的整体。

我们常常听说，研究无意识对艺术家是有害的，我们常常看见，有些艺术家对心理学避之犹恐不及，“因为他们害怕这个怪物会吞噬他们的所谓创造力。好像一大堆心理学家纠集起来就能对抗神灵！真正的创造力是一个堵不住的源泉。像莫扎特和贝多芬这样的大师，世间可有什么阴谋诡计能阻止他们创作吗？创造力比人更强大，如果不是这样，那说明它太弱了，只能时不时地滋养点儿小才气。但如果创造力成了神经症，那么只需只言片语或一个眼神，就足以打消痴心妄想，于是自称是诗人的人再也写不出诗来了，画家的灵感比之前更贫乏、更无用了，而所有这一切都是心理学的罪过！我很高兴心理学知识能有这种消毒杀菌的功效，能战胜神经质，而正是这种神经质把当今的艺术变得趣味寡淡。疾患从来无益于创作，相反，它是创作最大的障碍。化解压抑绝不可能摧毁真正的创造力，同样，无意识也是取之不尽用之不竭的。”[1] 荣格如是说。

一件完善的艺术品要以创作者心理的完善为先决条件，或者说因为艺术品是完善的，就可以推断创作者的心理也是完善的，这又是一种流传甚广的错误见解。“与无意识交往”确实有利于心理的分化和人格的发展，但要真正获得这样的好处，就要以人的方式理解和体验无意识中升起的意象、象征和幻象，也就是要主动接收和整合无意识内容，

1　荣格：《心理学与教育》，《荣格全集》第 17 卷，§206。

“以意识和行动迎接”[1]它们，而艺术家对待无意识内容的方式往往只是被动的观望、摹写、感知或忍受，从这个意义上说，他的体验虽然很有艺术价值，但从人的角度看，那还是不够完善的。如果一个艺术家能够对自己的人格和自己的作品一视同仁，以同样的力度对两者进行提升和拓展，那么他就能达到作为人的最高境界，但很少有人能获此成就，因为仅凭一个人的力量，很难让内部作品和外部作品同样尽善尽美。“才华是人类之树上最美丽也最危险的果实，它悬挂在一折就断的细嫩枝条上。”[2]

38

对于同一个人而言，内倾性或外倾性往往是贯穿一生的反应方式，但有时两者还是可能交替作用。一个人甚至一个民族在某些时期会表现出外倾特征，而在别的时期则表现出内倾特征，比如说，青春期一般是外倾的，而更年期一般是内倾的；中世纪更具内倾性，而文艺复兴时期更具外倾性。这本身就说明，在内倾和外倾之间分出高低好坏，认定哪一种倾向“更有价值”，是完全错误的，但这种事情还是常常发生。两者都有同等的权利，都有自己的地位，两者都被赋予另一种角色，这个世界才能完整。认识不到这一点，就会被两种倾向中的一种捆住手脚，蒙住眼睛，从而无法超越自我。

将外倾和内倾作为四种基本功能的反应姿态加以考虑，就可以得出八种不同的心理类型：外倾思维型、内倾思维型、外倾情感型、内倾情感型等等，它们形成一个罗盘指针，借此我们可以在心理结构中找到方向。如果要按照荣格的类型学说画出一张完备的人格示意图，我们可以把内倾—外倾想象成第三条轴线，这条轴线与四种功能类型形成的两条十字交叉的轴线垂直相交，将每种功能与两种倾向联系起来，就形成一个八元的立体示意图。事实上，四位一体的理念除了表现为四以外，还

1　荣格：《自我与无意识的关系》（1928），《荣格全集》第7卷，§342。
2　荣格：《心理学与教育》，《荣格全集》第17卷，§244。

常常表现为双倍的四，即八（八元神[1]）。

人格面具

荣格将人对外界环境的一般心理反应方式称为人格面具，它与意识的分化或过度分化的程度密切相关。从示意图 7 可以看到，人通过一个心理关系系统与外界接触，同时这个心理关系系统像一个“封套”裹住自我，隔开外界。像其他的示意图一样，示意图 7 也将思维作为主导功能，所以思维功能几乎完全控制了自我的封套，即人格面具，直觉和感觉两种辅助功能在人格面具中所占份额已经相当有限，而第四种功能情感则几乎不占任何份额。

39

人格面具其实是自我的一部分，而且是面向外界环境的那一部分。荣格是这样定义的：“人格面具是一种功能复合体，其作用是让人加强适应，并获得必要的舒适，但它与个性并不一致，它只涉及对外关系，即个人与客体的关系。”[2]“一个人以什么面目示人，个人和集体之间会就此达成一种妥协，这就是人格面具。”[3]也就是在外界环境的要求和个人天生的内在局限性之间达成妥协。若要人格面具真正有效，就必须考虑三个因素：首先是每个人心中都具备的自我的理想形象，每个人都希望自己的为人处世能向这个理想形象看齐；其次是各种环境为符合自己口味和理想的人所设计的形象；最后是心理和生理两方面的局限性，自我理想和外界环境理想的实现都会受其限制。只要这三种因素中的一种甚

1　八元神指古埃及赫尔莫波利斯城的八个元神，是四对宇宙神。新王国时期（前 16—前 11 世纪），阿蒙成为全埃及的主神，于是产生以阿蒙为首的底比斯的八元神。——译注

2　荣格：《心理类型》，《荣格全集》第 6 卷，§ 803。

3　荣格：《自我与无意识的关系》（1928），《荣格全集》第 7 卷，§ 466。

示意图 7

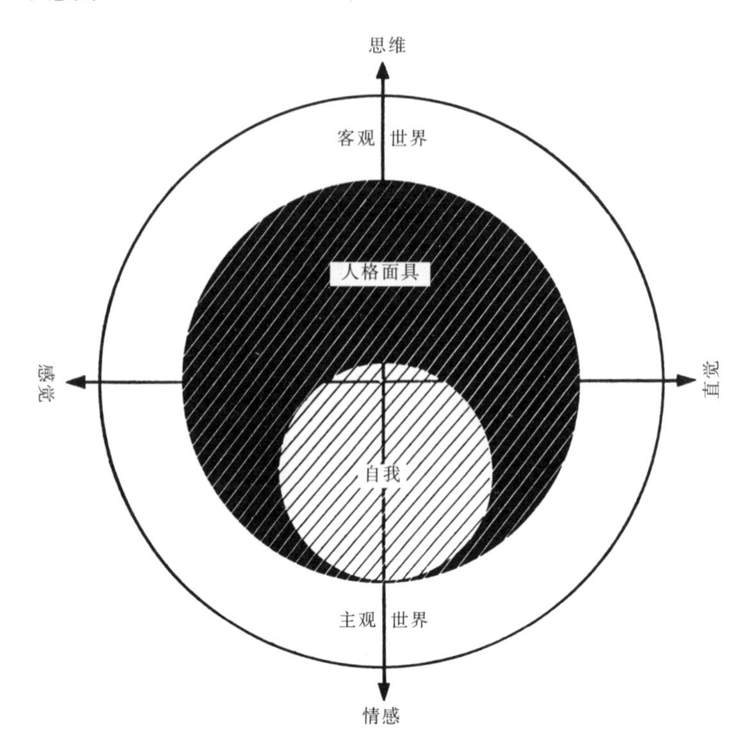

自我和人格面具以及四种功能类型

至两种没有得到重视，人格面具就不能胜任自己的本职工作，不但不能促进人格的发展，还会变成其间的障碍。举例来说，如果一个人的人格面具全都是由外界集体认可的特性组成的，那么他的面具就会是一副众生相，而如果一个人只考虑自我的理想形象，完全不顾及另外两种必要因素，那么他就会显出一副孤僻不合群甚至是桀骜不驯的面具。人格面具中不仅包括心理特征，还包括我们所有的举止礼数、仪表仪态，像举手投足、一颦一笑、发型服饰等等都属于人格面具。

40

一个对内对外都能很适应的人，他的人格面具[1]是一道必要而不

1　参见约兰德·雅各比：《心灵的面具：日常心理学探索》，奥尔腾瓦尔特出版社，1971 年。

失柔韧的护堤，能保证他与外界的交往自然、稳定、轻松。正因为人格面具很容易把人的自然天性隐藏在已经习惯成自然了的适应方式背后，所以其中也不乏隐患。一旦人格面具变得机械、僵化，它就成了真正意义上的摘不下来的面具。在这个面具背后，人的真正个性日渐萎缩，行将窒息。[1]“对职位和头衔的认同自有其诱惑力，所以很多男人除了社会承认的体面之外一无所有。要想在这个外表下找出人格来，那是白费力气，充其量只能找到一个可怜的猥琐之徒。所以职位——或者别的什么外表——才会有这么大诱惑。”[2]外表正是人格欠缺的肤浅补偿。比如我们大家都知道有这样的教授，他的全部个性都消耗在“教授”这个角色中，在这个面具背后除了抑郁阴沉和天真幼稚，别的什么也没有。人格面具由于习惯成自然而自动发挥作用，但它不能厚实得让人无法觉察它所“遮掩”的个人性格特征，也不能像扎了根一样牢固得摘不下来。原则上说，意识对一个真正有效的人格面具或多或少可以自由支配，可以让它适应各种不同场合的要求，也就是说，人格面具可以改变和替换。比如一个对环境适应良好的人，时而参加婚礼，时而与税务官谈话，时而主持会议，他会为这些活动“戴上”不同的人格面具，而且必须是有意为之，但前提是人格面具与意识主导功能已经结合在一起。

但是正如我们所看到的，事情并非总是这样。照理说，适应外界的任务应该由主导功能担当，但有时候在某些情况下，劣势功能也会跃跃欲试。相对说来，如果是一种辅助功能得到了这个机会，那还不太危险，而且也容易纠正，更有甚者，有些人是在父母学校的高压之下才勉强适应外界的。从长远看，这会产生严重的后果，天生的心理结构受到忽强忽弱的暴力压制，人会因此生成某种“强迫性格”，甚至可能患上真正

1　参见叔本华《人生的智慧》第二章《人的自身》和第四章《他人眼中的自己》。

2　荣格：《自我与无意识的关系》（1928），《荣格全集》第7卷，§230。

的神经症。在上述这些情形中，人格面具不可避免地带上了较不发达、较为劣势的功能所特有的全部缺陷。这样的人不仅看上去不够和蔼可亲，而且容易诱导那些没有心理学知识的人误读他们的性格，他们终其一生都在用一种错误或笨拙的方式解决人际关系中的所有问题，死不悔改，比如那种永远的倒霉蛋，或者所谓的"瓷器店里的大象"，净干些不得当的事，对于正确得体的举止行为天生就毫无敏感。

身为社会上出人头地的大人物，是集体意识[1]的载体和代表，体面的头衔做成的金字招牌能让人魅力无限，同时也会让人膨胀。然而自我之外不仅有集体意识，而且还有集体无意识，在我们的内心深处同样藏有魅力无限的大人物。既然有人为了体面的身份而"迷恋"尘世，那么也会有人突然消失于世外，也就是为集体无意识所"吞噬"，他们认同自己的内在意象，自视过高或妄自菲薄，比如把自己当成英雄、救世主、复仇者、殉道者、被放逐的人或贪财放荡的人，等等。自我越是认同人格面具，人格面具越是硬化，人就越容易沦为"内心大人物"的牺牲品，因为此时人格中一切内在的东西都受到抑制、打压，由于得不到分化而异常活跃，随时可能失控。

42

一个功能良好、佩戴得体的人格面具是心理健康的主要前提，也是成功胜任外界要求最重要的条件。健康的皮肤有助于促进皮下组织的代谢，一旦皮肤变硬，坏死，就会封杀内层组织的生命力。同样，一个"透气性良好"的人格面具，也在内外两个世界的交流中充当保护者和斡旋者，一旦它失去弹性和透气性，就会变成碍事的累赘，甚至变成致命的牢笼。对人格面具长期不适应或无原则认同，尤其是如果常常采取违逆

1 "集体意识"指的是一个人群全部的传统、习俗、风气、偏见、准则和规范，它们决定整个群体的意识方向，这个群体中的个体大都不加思考地全盘接受这种集体意识，并且身体力行。这个概念与弗洛伊德提出的"超我"概念有一部分共同之处，其区别在于，荣格理解的"集体意识"中不仅有"内投"的自内而外发生作用的外界要求，而且还有不断自外而内决定个人所为与所不为、所思与所感的戒律。

自己真正自我的态度，年深日久会造成心理障碍，并可能进一步恶化，导致严重的心理危机和疾患。

无意识的内容

前面说过，无意识包括两个区域：一个个人的区域和一个集体的区域，[1] 如示意图 8 所示。前面也提过个人无意识内容的组成，即“形形色色被遗忘、被压抑的东西，以及阈下的感知、思考和情感”[2]。集体无意识也是分区域的，虽然无意识将意识团团围住，但为了形象起见，我们可以把无意识各区想象成一层叠一层的。荣格甚至说：“以我的经验来看，意识只占用相对居中的位置，它必须忍受无意识四面八方的包围和突破。意识可退可进，退可以通过无意识内容与生理条件和原型前提发生联系，进可以通过直觉获得预测……”[3] 但是“分层”的设想可以让我们对形势一目了然，按照这个设想，第一层是我们的情绪区和原始冲动区，这个区域的内容一旦有所表现，我们也许还能凭理性分门别类予以控制。下一层的内容就是直接从永远得不到意识化的最底层、最黑暗的

43

44

1　在无意识中划分“区域”当然只能是工作中的一种假设，为的是更容易厘清多层面的无意识材料。

2　荣格：《心理类型》，《荣格全集》第 6 卷，§ 842。很多人将“前意识”和“潜意识”等同于个人无意识和集体无意识，这会造成很多错误的理解，其实前者和后者只有部分相通之处。弗洛伊德提出的“前意识”指的是个人无意识中离意识最近的区域，其中的阈下内容时刻等候“召唤”，“准备开拔”进入意识。而“潜意识”（这个概念最早由德索瓦提出）是介于有意识和无意识之间的心理过程所在的区域（比如神志不清的状态，或想不起来的、无意作出的、没有觉察的事情）。潜意识在一定程度上可以等同于个人无意识，但绝不可等同于集体无意识，因为集体无意识的内容与个人的生活经历无关。可以说，前意识占据着个人无意识的上部边缘，面向意识，而潜意识占据着个人无意识的底层，面向集体无意识，荣格的个人无意识概念将两者都包括在内。

3　荣格：《个性化过程中的梦境象征》（1936），《荣格全集》第 12 卷，§ 175。

示意图 8

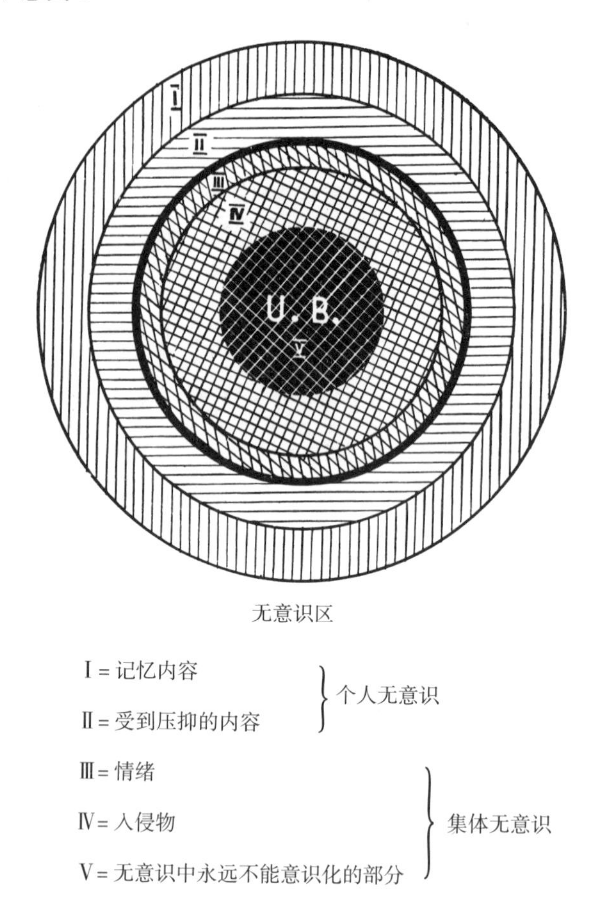

无意识中心爆发出的入侵物，它们永远不可被理解，永远不能被自我完全同化。它们完全自主行事，不仅常常导致神经症和精神病，而且也是创作天才的想象和幻觉的重要构成。

45

各“区”及其内容很难明确划分，它们发挥作用的时候往往相互结合，混为一体，[1]归根结底，我们不能说这一定是意识，那一定是无意识。“心

1 示意图中只是为了表达清楚起见，才用线条将各区隔开。

示意图 9

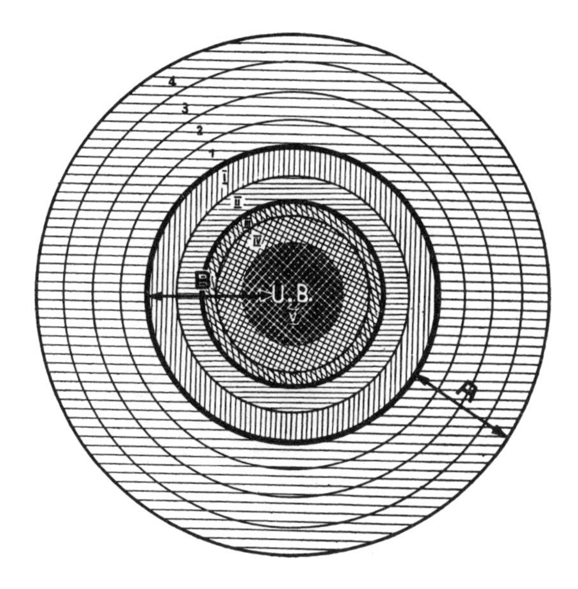

A= 意识区　　　　　　　　B= 无意识区

1= 感觉　2= 情感　　　　Ⅰ= 被遗忘的内容　Ⅱ= 被压抑的内容

3= 直觉　4= 思维　　　　Ⅲ= 情绪　　　　　Ⅳ= 入侵物

Ⅴ= 集体无意识中永远不能意识化的部分

理是一个意识—无意识的整体”[1]，其间的分界线游移不定。

示意图 9 和示意图 10 显示的是一个人整个心理系统的总体结构。底部的圆圈（图 9 的内圈）体量最为庞大，其余部分向上层层堆叠，体量越来越小，最终高居顶端的是自我。作为补充，示意图 11 显示了一个心理谱系，以种系发生史对应前面讲述的个体发育状况。最底层是某种神秘莫测的东西，即“核心力量”，从中析出了个体心理，那是遥远的从前发生的事。

46

在以后的分化和个体化进程中，这种核心力量贯穿始终，直至个体

1　荣格：《论心理的本质》（1947），《荣格全集》第 8 卷，§ 397。

示意图 10

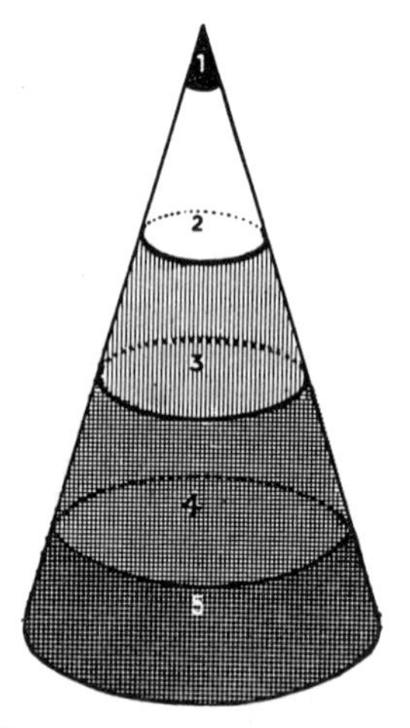

1= 自我

2= 意识

3= 个人无意识

4= 集体无意识

5= 集体无意识中永远不能意识化的部分

心理，是唯一贯穿所有层面的元素，无所不在。“深不可测的底层”之上那一层积淀的是动物性体验，再往上是人类始祖的体验，每一个阶段都代表着集体心理进一层的分化，从种族到民族，从部族到家庭，最终到达个体心理的高度。荣格说道：“集体无意识是人类发展史上强大的精神遗产，在每个个体的心理结构中获得再生。”[1]

个人无意识的内容是由个体生活中受到压抑或逐渐淡忘的材料组成的，而集体无意识的内容则是人作为物种特有的心理结构特征，代代相传并不断分叉。不同的内容在无意识中共存共处，荣格出于工作的需要将它们作出区分，成为一种大有帮助的假设，这样的“清理”能更好地

1　荣格：《内心的结构》（1928），《荣格全集》第 8 卷，§342。

示意图 11

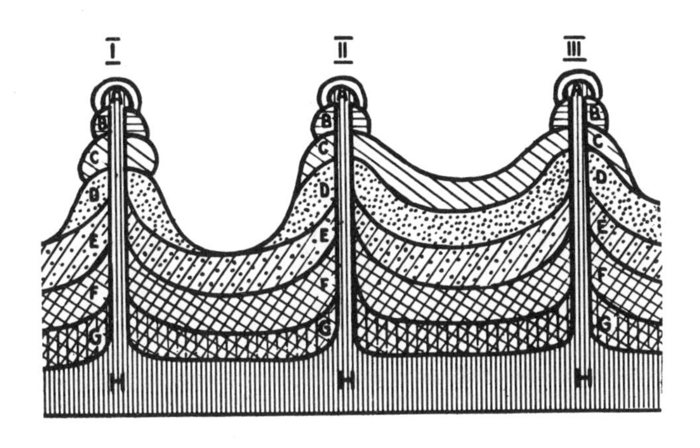

Ⅰ＝单独的民族

Ⅱ和Ⅲ＝群聚的民族（比如欧洲）

A= 个体

B= 家庭

C= 部族

D= 民族

E= 种族

F= 人类始祖

G= 动物祖先

H= 核心力量

展现各种内容之间的特征差异。集体无意识为个人无意识和意识提供了非个性化的栽培土壤，不论从哪方面说，它本身都是“中立”的，因为集体无意识的内容必须通过与意识对立才能显示其所处位置和价值所在。集体无意识不受意识管辖，也不服从意识的评判和调遣，集体无意识向我们传递的是不受任何因素左右的原始自然的声音，荣格称之为**客观心理**。意识的目标是让自我适应外界，而无意识“对这种以自我为中心的追求漠不关心，它是无关个人的**客观自然**[1]”，它唯一的目标是确保心理过程畅通无阻，也就是对抗一切片面性，正是片面性导致了心理的孤立、淤堵以及其他致病现象。此外，无意识还以我们不知道的方式对心理的完整和完善作出贡献，力求把心理建构成一个“整体”。

1　托妮·伍尔夫：《荣格心理学研究》，第 109 页。

至此为止，我们讨论了意识的结构和功能及其表现形式和反应方式。此外，我们也提到了无意识的各个不同区域，现在的问题是，我们是否真的有资格谈论无意识的结构和形态，我们的认识水准究竟如何。人意识不到的东西，即意识中不存在的东西，真的可知吗？回答是肯定的，但不能直接识别，无意识内容往往以症状或情结以及梦、想象和幻象中的意象和象征的形式显示，我们只能通过这些间接的表现及其影响认识无意识。[1]

情　结

意识层面最容易看得见的现象是症状和情结。症状可以定义为能量流动受阻造成的淤堵现象，从身体上和心理上都能加以识别。它是一个“预警，表明意识层面有某些重要的东西发生了偏差或缺失，现在是时候拓展意识了”[2]，也就是要消除淤堵，但我们预先说不出淤堵的具体位置以及哪条道路能通往这个位置。

48

荣格将情结定义为爆裂的内心人格，由一群群集的心理内容组成，这群内容脱离了意识，任性随意地自主行事，“在无意识那黑暗的环境中形成一种特殊的存在，它们随时可以从这里发力，阻碍或促进意识的功能”[3]。情结主要的组成成分首先是一个“内核”，它是意义的载体，往往是无意识的，并且自主行事，不受主体驾驭；其次是大量与之相关的联想，这些联想具有统一的情感基调，它们部分取决于个人的天生倾向，

1　这与物理学的方法和假说很相似。物理学中也不能直接观察微粒和波，只能通过其效应推断其存在，然后提出能够尽可能合理解释观察所得的假说。

2　托妮・伍尔夫：《荣格心理学研究》，第 101 页。

3　荣格：《心理类型学》（1928），《荣格全集》第 6 卷，§923。

部分取决于与外界环境密不可分的体验。[1] “内核因其能量值而产生聚合力。”[2] 不论从个体的角度，还是从种群的角度看，情结都是一个“薄弱点”，一个功能障碍，一旦遇到合适的内外环境就会发作、扩散，以暴力颠覆整个心理的平衡，把整个人都置于自己的控制之下。

下面的示意图 12 表现的是情结上升时，意识在其撞击之下塌陷了，无意识越过意识阈限闯入意识层。随着阈限的下降，即 P. 雅内[3] 所说的“意识水准的下降”（abaissement du niveau mental），意识丧失了能量，人就从积极主动有意识的状态跌入消极被动受制的状态。像这样上升的情结就像一个入侵意识领域的外来者，它自成一体，高度自主，带着强烈的情感色彩，对日常心理造成干扰，与惯常的意识状态格格不入。情结最常见的成因之一是道德冲突，但绝不仅限于性道德。情结是一种内在力量，有时它能阻断自我的意志和自由。[4]

人人都有情结，形形色色的失误就是证明，弗洛伊德在他的《日常生活中的精神病理学》[5] 一书中对此已有明确的阐释。人有了情结未必就是不正常了，情结只能说明“存在某些不和谐和冲突以及得不到同化的东西。情结可能是个障碍，但也可能催人奋进，提供新的成功机会。从这个意义上说，情结简直是内心生活不可或缺的节点和焦点，谁都不想失去它，否则内心的活力就陷于停滞了”[6]。按照情结的“规模”和强度及

49

1　本书作者约兰德·雅各比所著《荣格心理学中的情结、原型、象征》第 7 页及以后几页，有情结概念以及与之密切相关的两个概念原型和象征的详细定义和描述。该书由苏黎世拉舍尔出版社 1957 年出版。

2　荣格：《论心理能量》（1928），《荣格全集》第 8 卷，§19。

3　Pierre Marie Felix Janet（1859—1947），法国心理学家、精神病医生。他促进了临床心理学和学院心理学的统一，提出了心因性病理说，并提出神经症的分类和病理机制说。荣格曾就学于他（参见本书《荣格传略》一章）。其主要著作有：《癔症的心理状态》《癔症的主要症状》《心理药物学》等。——译注

4　荣格：《情结理论综述》（1934），《荣格全集》第 8 卷，§216。

5　西格蒙德·弗洛伊德：《日常生活中的精神病理学》，柏林卡尔格出版社，1904 年（全集第四卷）。

6　荣格：《心理类型学》（1928），《荣格全集》第 6 卷，§925。

示意图 12

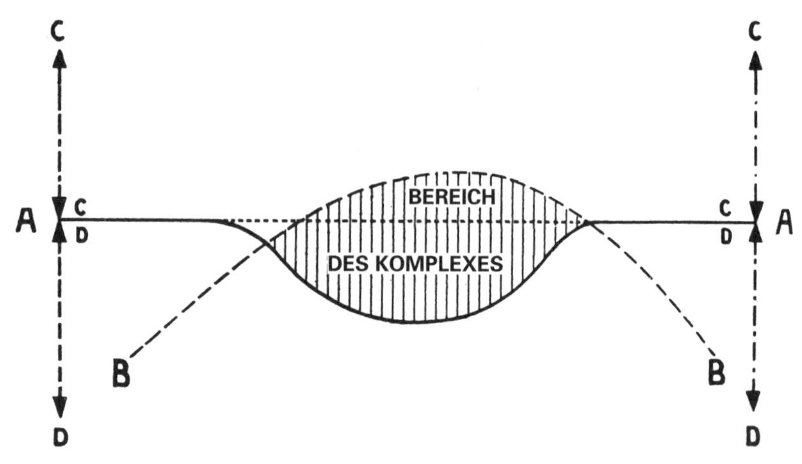

AA= 意识阈限，在虚线处被突破，即沉入无意识

BB= 情结的上升之路

CC= 意识区

DD= 无意识区

其在心理领域中所起的作用，我们可以把它分为“健康”的情结和“病态”的情结，这完全取决于意识的状态，也就是取决于意识自我是否牢固，能将情结清理到什么程度，情结最终是有利还是有害。毕竟情结总是个人“未解决的东西”,“无疑是个薄弱环节”[1]。

情结的起因往往是所谓的创伤、感情打击或诸如此类的情形使得一部分心理“被包裹起来”或者被隔离开来。荣格认为，情结可能可以追溯到幼儿早期的经历和冲突，但当下的经历和冲突也可以导致情结，归根结底的原因是个人无法接受整个的自己。

50

情结的当前意义只能在心理治疗中得到阐释，如果情结造成的干扰过大，那也只能通过心理治疗消除它的影响。大约四十五年前，荣

1 荣格 :《心理类型学》(1928),《荣格全集》第 6 卷， § 925。

格通过试验完善了语词联想测试法，用这个办法可以确定情结的存在、作用深度以及情感基调。这个办法的操作过程如下：向测试者逐个报出 100 个按照特定原则挑选出来的词语，这叫作“刺激词”，测试对象必须用听到刺激词时第一时间想到的那个词语作出回答，这叫作“反应词”，然后间隔一定的时间之后，通过同样的方法，让测试对象凭记忆复制这些词语作出反应。情结对每个刺激词的敏感程度决定了反应时间的长短，也决定了复制时的缺失和错误以及其他表现为症状的反应方式。

荣格综合考虑了各种因素和可能性，创造了语词联想测试法，并通过不断改进，使之极尽详细精准。作为一种教学方法和诊断方法，语词联想测试为心理治疗提供了重要的支持，它至今还是各类精神治疗机构、心理诊断培训机构和职业指导机构甚至法院的日常必备技能。情结概念是荣格的首创，他为此所写的重要论文发表在 1904/1906 年的《用于诊断的联想研究》上，在该文中他用“情感基调性情结”来描述“无意识中情感基调性的想象群集”现象，后来就简称为“情结”[1]。

原　型

51 从梦、幻想、幻象所提供的材料，我们很容易识别其中有多少个人无意识的成分，又有多少集体无意识的成分。从神话性质的母题或

1　布洛伊勒较早就将“情结”一词用于心理诊断中。[布洛伊勒（Eugen Bleuler，1857—1939），瑞士精神病学家，1898—1927 年任苏黎世大学精神病学教授和大学医院的精神病诊所主任。1891 年与弗洛伊德结下友谊，是最早赞同精神分析学并尝试用它医治精神病患者的学者之一。因对早发性痴呆的研究而享有盛誉，称这种症状为“精神分裂症”。荣格曾经在他的指导下工作和研究（参见本书《荣格传略》第一章）。布洛伊勒的主要著作有：《精神病学教程》《医学上的、我向的和无约束的思维》《机械论、生机论、原始记忆法》等。——译注]

人类历史上普遍可见的象征以及特别强烈的反应，我们可以推断最深处的层面已经参与其中。这些母题和象征对整个心理生活有着决定性的重大意义，行使着支配功能，充满能量和活力，所以一开始（1912年）荣格称之为“原始意象”，或者用J. 布尔克哈特[1]的话说是“天然意象”，后来（1917年）荣格又称之为“集体无意识的主宰”，直到1919年[2]荣格才提出原型的概念。1946年[3]以后，他将原型分为两种（虽然并未时刻强调）：一种是“原型本身”（per se），它潜伏于每个人的心理结构之中，是不可感知的；另一种可感知的原型已经进入意识领域，表现为原型意象、原型想象、原型过程等，其表现方式常常发生变化，取决于其现身的具体情境。此外还有原型的行为、反应方式和原型的过程，如自我的形成等，还有原型的体验形式和忍受形式、原型的理解和理念，在一定的情况下，这些原型会放弃迄今一直处于无意识状态的作用方式，而走到前台行使其功能。原型不仅有静态的表现，比如原始意象，而且也有动态的表现，比如意识功能的分化。事实上，所有人类普遍的典型表现，不论是在生物学层面、心身层面，还是在精神层面、观念层面，都是以原型为基础的。原型或者是整个人类所共有的，或者只属于或大或小的人群，据此我们可以绘制出原型发展的“阶梯状图谱”。就像一个家族的祖先一样，原型也可以繁衍出一代又一代的子孙，却无损于它自己的“原始形态”。

本能就是在特定情境中，心理必需的反应绕开意识，以其天然的迫切性发起一种心理必需的行动，[4]尽管外人从理性的角度看来，心理必需的反应未必总是合情合理的。原型即是本能反应的映象，所以在心理事

52

---

1 Jacob Christoph Burckhardt（1818—1897），瑞士文化史学家，研究重点是艺术史，最著名的著作是《意大利文艺复兴的文化》。——译注

2 荣格：《本能与无意识》（1928），《荣格全集》第8卷，§§263—282。

3 荣格：《论心理的本质》（1947），《荣格全集》第8卷，§§343—424。

4 参见荣格：《本能与无意识》（1928），《荣格全集》第8卷，§277。关于原型的概念也可详见本书作者约兰德·雅各比所著《荣格心理学中的情结、原型、象征》第36页及以后。

务中起着决定性的作用，黑暗的原始心理是意识的真正根源，而原型是其中本能现实的代表或人格化[1]。

现在常有人提出质疑说，当今发达的自然科学已经证明，后天获得的特性不能遗传。对此荣格的回答是："这个概念说明的不是一种'遗传的想象'，而是遗传的心理作用模式，就像小鸡天生就会破壳而出，鸟儿天生就会筑巢，马蜂天生就会用刺针攻击毛毛虫的运动神经，而鳗鲡天生就能找到去百慕大的路，所以说，原型是一种'行为型式'。这是原型的生物性方面，是科学心理学的研究课题。但如果从内部看，观察主观内在，那就完全不一样了，这里的原型神圣而神秘，是最重要、最根本的体验。如果这种体验披着象征的外衣，那么主体就会陷入不能自拔的境地，其后果是难以预见的。"[2]示意图 13 显示原型对心理各层面所产生的作用。意识区充满了各式各样的元素，原型象征被别的内容所掩盖，中断了关联。我们的意志可以在很大程度上驾驭和控制意识内容，但无意识自有其稳定独立的秩序，不受意志左右，而原型构成了无意识的力量中心和力场，正是在这种力量的作用下，陷入无意识的内容多次改道，并以我们不能理解的方式改变了自己的面貌和意义，遵从一种我们看不见也意识不到的新秩序。如果我们懂得如何与这种内部秩序"打交道"[3]，那么它会在我们遭遇意外和动荡的时候，为我们提供帮助和避难所。所以不难理解，原型能改变我们的意识观念，甚至使其走向反面，比如说，如果平日里完美的父亲在梦中变成了兽头羊腿的怪物或手抓一把闪电的、令人生畏的宙斯，温柔的爱妻在梦中变成了悍妇，那就说明，无意识在"发出警告"，它"更了解实情"，它想纠正错误的判断。

53

1 参见荣格：《儿童原型心理学》(1940)，《荣格全集》第 9 卷 /I，§271。

2 荣格：《哈丁〈女人的奥秘〉序言》(1947)，《荣格全集》第 18 卷 /II，§§1228 及以后。

3 瑜伽练习及其效果就是以无意识这种内部秩序为基础的。

示意图 13

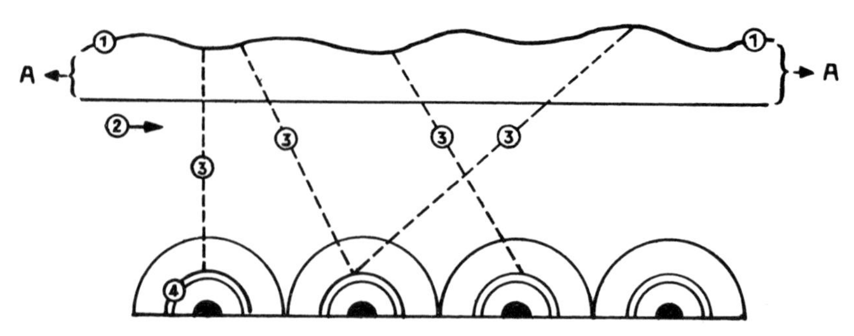

① = 意识表面

② = “内部秩序”的作用范围

③ = 意识内容落入无意识的路线

④ = 原型及其磁力场，吸引落入无意识的内容改道投入自己的怀抱

AA= 在这个区域中，纯粹的原型事件被外部事件掩盖，“原始模式”被屏蔽

原型近似于柏拉图所理解的“理念”[1]，只是柏拉图的理念仅限于“光明面”，只是尽善尽美的原始意象，与之对立的阴暗面就不能像“理念”一样进入永恒的世界，而只能留在生命倏忽而逝的人世间；反之，按照荣格的设想，原型具有对立统一的结构，光明面和阴暗面是其内在固有的两个方面。

荣格也将原型称为“内心的器官”[2]，用伯格森[3]的话说是“永远的未

1 柏拉图提出的理念论，认为在所感个别事物之前存在同名的理念，个别事物是“分有”理念而产生的。理念是一个等级体系：第一类为道德伦理价值和审美领域的理念，如善、公正等；第二类是最普遍或最重要的种，如一和多、部分和整体；第三类是数学的理念，如圆、三角形；第四类为自然物，如水、土等；第五类是人造物，如床、桌。柏拉图认识论的“回忆说”认为，认识只是对于理念的回忆，知识是天赋的。——译注

2 参见荣格：《儿童原型心理学》(1940)，《荣格全集》第 9 卷 /I，§271。

3 Henri Bergson (1859—1941)，法国哲学家、直觉主义和生命哲学代表人之一，曾获 1928 年诺贝尔文学奖。其哲学宗旨建立在一种以直觉为基础的新的“形而上学”，故被称为“直觉哲学”。他从意识的研究入手，提出“绵延说”，认为世界的基础和本质是“绵延”(duration)，并把“绵延”等同于自我、自我意识状态，自我处于世界的中心，自然、社会处于外围。其主要著作有：《意识的直接材料》《笑》《创造的进化》《心力》等。——译注

完成”（les éternels increés）。原型的“终极意义核心虽然可以界定，但它却无法描述”[1]，因为“我们关于原型的一切具体解释和说明都来自意识”[2]。如果我们还想再找一些类比，那么可以考虑最广义的“完形”，就是现在的完形心理学所理解的和生物学所接受的完形的意义。[3]原型的决定因素是形式，而不是内容。“原型的形式，”荣格如是说，“就好比晶体的轴向系统，虽然它没有自己的物质形式，但是预先设定了母液中晶体形成的几何结构（原型本身），在离子及分子结晶的方式中，我们才能感受到轴向系统的存在……所以说，轴向系统决定的是单个晶体的立体结构，而不是具体形状……原型也是一样……虽然它的核心意义保持不变，但它只能是原则上决定自己的表现方式，却不能决定具体的表现细节。”[4]这就是说，原型作为潜在的“轴向系统”，预先就已经埋伏在心理的无意识系统中了。人类的体验就好比是母液，形成的意象凝结在轴向系统上，在无意识的怀抱中形态日渐丰满清晰。也就是说，意象上升时并不是刚刚“被生产出来”，而是早就已经埋伏在黑暗中了，在它以典型基本体验的形式丰富人类心理体验宝库的时候就开始进驻无意识了。意象升入意识后，照射它的光线越来越亮，它的轮廓也就越来越清晰，直至所有的细节都暴露在强光之下。这个照亮的过程不仅对个人，而且对整个人类都很重要。尼采和荣格都确认了这一点，尼采说过：“我们在睡梦中学完了之前人类的所有课程。”[5]而荣格是这么说的：“个体心理发育与种系心理发育之间存在一致性，这个推断不是没有依据的。”[6]

54

1 荣格：《儿童原型心理学》（1940），《荣格全集》第9卷/I，§265。

2 荣格：《论心理的本质》（1947），《荣格全集》第8卷，§417。

3 K. W. 巴什［Kenower Weimar Bash（1913—1986），美国心理学家、精神病医生、心理分析专家——译注］在他的《完形、象征和原型》一文中深入探讨了“完形”和“原型”的关系（刊于《瑞士心理学杂志》1946年第二期）。也可详见本书作者约兰德·雅各比所著《荣格心理学中的情结、原型、象征》第45页及以后和第62页及以后。

4 荣格：《母亲原型的心理学视角》（1939），《荣格全集》第9卷/I，§155。

5 尼采：《人性的，太人性的》，引自荣格：《转化的象征》（1952），《荣格全集》第5卷，§27。

6 荣格：《转化的象征》（1952），《荣格全集》第5卷，§26。

按照“形态理论”进行现代遗传学的研究，我们可以说，遗传的“形态”以及“形态”中与生俱来的局限性都是可以感知的。“形态不需要解释，它体现的就是自己的意义”[1]。

55

我们可以把原型想象视作化为意象的心理过程，是人类行为方式的原始模式。亚里士多德主义者会说：原型想象来自于对**真实**父母的体验；而柏拉图主义者会说：是原型造就了父母，因为原型是原始意象，是现实的楷模。[2]个人生来就带有原型，它是集体无意识中的固有成分，不牵涉个人的生老病死。“内心结构及其元素是否曾经生成，这是个形而上学的问题，心理学无法回答。”[3]“原型是形而上学的，因为它超越了意识。”[4]荣格认为，若论本质，原型属于“类心理”，也就是类似于心理的领域。原型是“永恒的存在，问题是意识能否对原型的存在有所感知”。原型可能在很多心理层面和各种不同的情境中显现，以不同的“穿着打扮”和表现形式适应各种不同的情形，但是它的基本结构和意义始终保持不变，像曲调一样，它是可以变频的。[5]比如说，“女性”有成千上万的表现形式和特征，下面的示意图 14 只是罗列了其中的几种，就足以说明原型只变内容，不变“形态”。

一个原型母题或原型意象的表现形式越简陋、越模糊，说明该原型在集体无意识中所处的位置越靠近底层，在那个层面上，象征还只是“轴向系统”，还没有被个人的内容所充实，还没有被无穷无尽的个人体验的积淀所分化，也就是说，象征走在体验前面了。一个问题的时代性和个体性越是明显，原型现身时所穿的“外衣”就越是纠结、烦琐、明确，而原型如果体现的是非个人性的、普遍性的东西，那么它的表达语

1 荣格：《论心理的本质》(1947)，《荣格全集》第 8 卷，§402。

2 荣格著，洛伦茨 · 荣格和玛丽亚 · 迈耶尔格拉斯编辑整理：《童梦》，奥尔腾瓦尔特出版社，1987 年，第 78 页。

3 荣格：《母亲原型的心理学视角》(1939)，《荣格全集》第 9 卷 /I，§187。

4 荣格：《哈丁〈女人的奥秘〉序言》(1947)，《荣格全集》第 18 卷 /II，§1229。

5 这里也显示与完形心理学相通。

言就会非常简单而含混，因为就是宇宙也不过就是靠少数几个简单的法则建立起来的。同样，这种简陋的原型表现包含了世界和人生所有的丰饶和多彩，比如“母亲”原型的形式结构是预先存在的，统领一切“母性”的表现，这个原型的核心意义始终不变，它可以以所有“母性”的特征和象征充实自己，今人心中的母亲原始意象和“大母神”[1]的特征，连同她所有的矛盾性格，与神话时代没什么两样。[2]意识提升[3]的第一步就是自我与“母亲”的分离。深化意识、表达理念，这是逻各斯[4]的父亲原则，这个原则通过坚持不懈的斗争，一再挣脱母亲的黑暗怀抱，挣脱无意识。一开始二者本是一体，没有了一方，另一方绝不能单独存在，就好比在一个没有黑暗的世界里，光明也失去了意义。“只有对立的两极保持平衡，世界才能存在。”[5]

56

57

无意识的语言是形象化的语言，原型在其中以人格化的或象征性

1　指司生育和丰产的女神，如希腊的盖亚、罗马的厄普思、腓尼基的阿斯塔尔忒、埃及的伊西斯等，中国的女娲也应属此类，这些女神都是母系社会的产物。——译注

2　这个原始意象在男性心理和女性心理中处于不同地位。我们对母亲情结的研究还刚刚起步。母亲情结对男性而言是个相当复杂的问题，对女性而言则相对简单，父亲情结在很多情况下与此相反。

3　荣格所使用的“意识提升”一词，其意义不仅仅是“感知”“觉察”。意识提升并不针对具体的对象，而是充分发展意识，使之更深、更广、更强、更开放，能够彻底地接收和处理来自内外两方面的内容。在心理分析中，意识提升作为人格发展的目标，其宗旨并不在于片面强化意识在个人心理生活中的地位，因为这只会有损于心理平衡和心理健康。这里追求的不是普通意义上的“意识”，不是那个完全由理性掌控的心理区域，而是一种“高级意识”，它不仅与自我的心理内容保持联系，而且始终保持自我与无意识之间的联系。这种“高级意识”也可以称为“深广意识”，因为它的扩展和提升是通过与无意识深处畅通无阻的联系实现的。

4　Logos，西方古代及中世纪常用的哲学概念。圣经《约翰福音》1 章 1 节说：“太初有道（即逻各斯），道与神同在，道就是神。”在基督教文化中，逻各斯是神与真道。神是世界的创造者。基督是逻各斯的化身，是真理、生命、道路。赫拉克利特是最早将逻各斯引入哲学的人。他认为万物的运动都是按照一定的逻各斯进行的。斯多葛学派把逻各斯称为天命、神、宇宙理性，认为人具有逻各斯的种子，其习性和道德都受逻各斯支配。犹太哲学家斐洛则把逻各斯解释为上帝和宇宙之间的媒介，是世界的神圣原则，上帝按照逻各斯创造了世界，逻各斯又是现实世界的本原。他把圣经旧约中的“神言”和斯多葛学派的逻各斯等同起来，使之成为先验的原理。后来黑格尔十分推崇古希腊哲学中的“逻各斯”概念，将其主要解释为理性，后来一些哲学史家也跟从他的说法。——译注

5　荣格：《母亲原型的心理学视角》（1939），《荣格全集》第 9 卷 /I，§174。

示意图 14

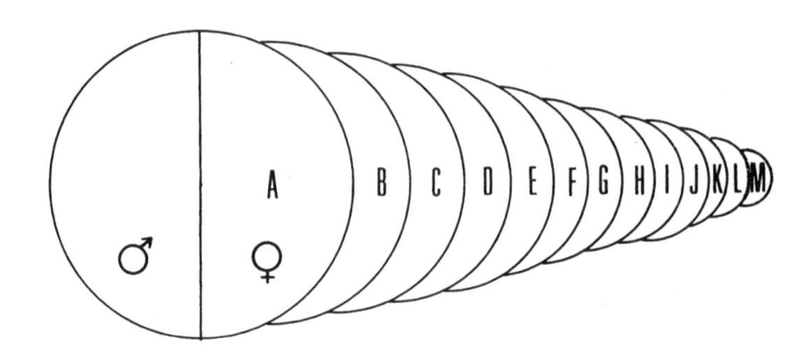

"女性原型"的发展阶段

♂♀ = 初始时期分为两个区域，我们可以将其想象成"双性"时期

♂ = 男性原型

♀ = 女性原型

A= 夜晚、无意识区域、受体等

B= 大海、水等

C= 大地、高山等

D= 森林、山谷等

E= 洞穴、阴间、深渊等

F= 龙、鲸鱼、蜘蛛等

G= 巫婆、仙女、童贞女神、童话公主等

H= 房子、箱子、篮子等

I= 玫瑰花、郁金香、李子等

J= 奶牛、猫等

K= 女性祖先

L= 祖母

M= 自己的母亲（必须将她的意象与她身后的原型分开，把她当成像自己一样的人加以感受）

的意象形式表现出来。“不论原型是什么内容，用的都是比喻的语言。如果原型以太阳为内容，并且将其等同于雄狮、国王、巨龙看守的黄金宝藏、人的生命力或‘健康力’，那么非此非彼，所有这些比喻表达的是不为人知的第三者，虽然这样的表达多少总有其贴切之处，但这个第三者始终是说不清道不明的不可知之物，这是人的智力遭遇的烦恼……我们时时刻刻都不能幻想原型最终能得到解释和解决，最好的解释也不过就是把原型翻译成另一种形象化的语言，能贴切到什么程度还很难说。”[1]

原型的总数构成了集体无意识的主要内容，数目很有限，因为它与人类自起源以来所获得的“典型基本体验的可能性”数量一致。对于我们来说，原型的意义正在于它所表达和传递的“原始体验”。所有文明都拥有相同的原型意象母题，这是人类种系发育的结构决定的，我们在所有神话、童话、宗教传说和秘密宗教仪式中都能找到这些母题。“深海夜游”[2]“流浪英雄”或“鲸龙”[3]的神话与我们对日落日出永恒的意象化感受有什么不一样呢？盗火的普罗米修斯、斩杀巨龙的赫拉克勒斯、无数的创世神话、原罪、神秘的献祭仪式、童贞受孕、对英雄的无耻背叛、

1 荣格 :《儿童原型心理学》(1940),《荣格全集》第 9 卷 /I，§271。

2 在很多神话中，太阳神和英雄的行动轨迹与太阳一致。太阳在夜晚向西沉入大海，在幽暗的大海深处遭遇各种危难，最终获得重生，从东边重新升起。神话以此譬喻英雄战胜重重困难，重获新生的历程。埃及的太阳神阿蒙日落后行驶在努恩的原始水中，遭遇巨蛇威胁，它喝干了所有的水，阿蒙在托特和伊西斯的帮助下克服困难，到早晨得以东山再起。希腊神话中的赫拉克勒斯和奥德修斯游历了冥界，苏美尔英雄吉尔伽美什潜入深水寻找能让人长生不老、永葆青春的仙草，这些过程都与深海夜游相似。从心理学意义上说，英雄夜间潜游的深水就代表无意识，深海夜游就好比是通过梦或想象正视自己的情结和集体无意识原型的心理过程，然后可以反思和整合无意识内容。——译注

3 《圣经》中的小先知约拿被鲸龙吞噬，在鲸腹中祈祷三天三夜后被其吐出。从心理学意义上说，鲸腹代表无意识，被吞入鲸腹就是潜入无意识，通过这个过程创造性地利用和整合无意识中的内容，就可以获得平衡和健康。——译注

碎尸万段的奥西里斯[1]，以及其他许许多多的神话和童话都以形象化的象征形式表现了人的心理过程。同样，蛇、鱼、斯芬克司、助人为乐的动物、世界之树、大母神、中了魔法的王子、永恒少年、巫师、智者、伊甸园，等等，这些形象都代表某种母题和集体无意识的内容。[2]在每个人的个体心理中，这些形象可以觉醒过来，获得新生，施展魔力，浓缩为

1 Osiris，埃及神话中自然界死而复生之神，冥界之王。奥西里斯被其弟弟赛特杀害肢解，妻子伊西斯将他的碎尸拼接安葬，并通过神奇的方式吸收了尸体中的生命种子，怀孕并生下儿子荷鲁斯，荷鲁斯长大便向赛特复仇，胜利后使奥西里斯复活，但奥西里斯不愿长留人间，把人间王位让给儿子，自己做冥间国王。奥西里斯被视为自然生殖力的化身，他与自然的联系一直保持在埃及的整个历史中。他的身体总是绿色的，传说他像整个自然界一样，每年都死而复生，即使在死后也保存着生命力。《金字塔文》中称死去的法老为奥西里斯，从中王国时期开始，每个死去的埃及人都被称为奥西里斯，也就是说都能复活，在晚期的铭文中，死者的名字前面都冠以奥西里斯。奥西里斯还是冥界的法官，把死者的心放在天平上衡量，根据其善恶好坏决定其去向。——译注

2 在很多思想家，尤其是心理学家的学说基石中都有一种原型。弗洛伊德认为一切事件的根源和发端都是性欲，而阿德勒则将一切归因于权欲，这都是原型的体现。我们在古典哲学或诺斯替派及炼金术理论中同样可以看到类似的理念。荣格学说也立足于一种原型，那就是“四位一体”，像四功能说。十字架或一分为四的圆圈之所以能够通行天下，产生强大的魔力，恐怕也可以从“四”的原型性质中找到原因 [荣格 :《个性化过程中的梦境象征》(1936),《荣格全集》第 12 卷，§ 189。]。“三位一体”也是一个原型，尤其在基督教中，从来都被视为“纯粹的抽象精神”的象征。而荣格把“四位一体”确定为对心理而言最为重要的原型，有了这第四位，“纯粹的精神”就获得了“物质性”，从而也获得了相当于自然产物的表现形式。男性精神作为父亲原则只能代表世界的一半，而“四位一体”不仅包含男性的精神性，同时也包含女性的物质性，两者对立，形成一个圆满的整体。所以在大多数地区的文化中，奇数象征男性，偶数象征女性。荣格说道 :“生命机体最重要的化学成分是四价碳，不得不说这是‘大自然的奇妙安排’。众所周知，‘金刚石’也是碳的一种晶体结构。碳是黑色的，而金刚石是最纯净明亮的。如果‘四位一体’的现象只是意识的杜撰，而非无意识客观心理的自发创作，那么这样的类比就太没品位了。”[荣格 :《个性化过程中的梦境象征》(1936),《荣格全集》第 12 卷，§ 327。]

由于自然科学、尤其是现代物理学中的划时代伟大发现，现在这个时代正处于从“三维思维”过渡到“四维思维”的转折点，深度心理学中最现代的学派，即荣格的分析心理学在此时选择“四位一体”原型作为学说最核心的结构概念，这不是偶然的。现代物理学引入时间作为第四维，为的是获得一个全方位的视角，而相对于我们熟悉的空间三维来说，第四维显得那么另类，同样，第四种功能，即“劣势功能”也是“完全不同”的功能，它与意识截然相反，但是为了能够全方位地观察心理，考虑和分化第四种功能，也是势在必行的，就像时间之于物理学。仅凭这一重要创新，荣格心理学就能跻身于彻底改造宇宙观的学科之列，这些学科立志打破旧的宇宙观，并按照共同的指导原则创建新的宇宙观。

某种“个人神话”[1]，堪与各个民族在各个时代创造的、广为流传的伟大神话相呼应，个人神话的形成过程，似乎也更为透彻地揭示了那些伟大神话的起源、性质和意义。 58

荣格认为，原型的总数就是人类心理中所有潜在可能性的总数：一笔取之不尽用之不竭的庞大资源，其内容是关于神、人和宇宙之间深层关系的古老知识。在自己心理中开发这个资源，赋予其新的生命，将其整合到意识中，这就意味着消除个体的孤独，将个体纳入永恒的过程。这里所说的已经不仅仅是心理学知识了，而是为人之道。原型作为整个人类体验的原始起源存在于无意识中，并从这里发力干预我们的生活，化解原型的投射，将原型的内容打捞上来，融入意识，这是我们的任务和义务。

作为他研究工作最后的成果，荣格在“共时性作为非因果关系原则”这个课题的研究中，指出了原型效应中一个特别重要的方面。迄今为止，科学对心灵感应、遥视，以及所谓的“特异功能”等 ESP（超感官知觉）现象的解释，是非常不如人意的。而荣格为此提供了新的视角，把大家至今不重视的、甚至否认或称之为“偶然”的罕见事件和体验纳入科学观察和研究的范围。他所说的“共时性”（不同于同步性或同时性）是一种解释原则，是对因果关系的补充，他将共时性定义为“两个或多个内容意义相同或相近而彼此并无因果关系的事件在时间上的重合”[2]。共时性的表现形式就是内心感知（预感、梦、幻觉、闪念等）与外部事件的重合，不论这种事件是发生在过去、现在还是未来，共时性都可能非常有意义。现在共时性暂时还只是一个“形式因素”、一个“经验性的概念”，它假定了一个规模庞大的知识体系所必不可少的原则，并且

1 这个表达由卡尔·凯雷尼 [Karl Kerényi（1897—1973），匈牙利语文学家和神话研究专家。——译注] 首创，他在《神话本质入门》中的《神话的起源与基础》一文中（第 36 页）首次使用这一提法。

2 荣格：《共时性：非因果性联系原则》（1952），《荣格全集》第 8 卷，§849。

"作为第四个元素加入了由空间、时间、因果关系组成的三元组合"[1]。荣格认为，共时性现象的产生，是因为"无意识中存在有效的先验知识"，微观世界与宏观世界有一定的相似性，这种相似性是不以人的意志为转移的，也是无意识中那种知识的来源，而原型在其中是个发号施令的角色。共时性现象的本质是内心意象与外部事件的重合，这说明原型既有精神的一面，也有物质体质的一面。原型的能量负荷提高后，它的圣秘效应能让人兴奋激动，感情洋溢，造成意识水准的下降，这是共时性现象产生的前提。我们可以借用一句荣格的话说："原型是通过内省可以识别的先天的心理格局。"[2]这里产生了一系列的新问题，有待进一步讨论和研究。

59

"无论过去还是现在，原型始终是生命中重要的精神力量，它要求得到认真的对待，并以奇特的方式发挥自己的作用。它始终提供保护和救助，如果它受到伤害，会造成'心灵的危机'，这是我们从原始人的心理学中得知的，因为它无疑也是神经障碍甚至精神障碍的病原体，就像身体器官或机体功能系统受到冷落或虐待时作出的反应一样。"[3]

原型意象和原型体验从来都是世界上所有宗教的内容和宝贵财富，这不是没有缘故的。虽然原型脱离了最初的形式，嵌入了教义，但是在宗教信仰依然生机蓬勃的地方，不论是上帝濒死和复活的象征、基督教中童贞女受孕的秘密、印度神摩耶[4]的面纱，还是穆斯林向东朝拜祈祷的仪式，这些原型无不凭借其含义丰富的内容和强大的力量，至今还在对人的心理施加可观的影响。只有在那些信仰和教义都已僵化，只剩下空洞形式的地方，原型才会失去魔力，无可奈何地把人遗弃在内忧外患之中，而我们这个高度文明、高度技术化、理性统治的西方世界就是这

1　荣格：《共时性：非因果性联系原则》(1952)，《荣格全集》第8卷，§948。

2　同上，§955。

3　荣格：《儿童原型心理学》(1940)，《荣格全集》第9卷/I，§266。

4　Maya，印度女神，代表精神上的迷幻。"摩耶的面纱"意指幻觉、错觉。——译注

样的地方。

消除现代人的孤独与迷惘，把他们融入生活的大潮，帮助他们把光明的意识和黑暗的无意识结合起来，形成一个统一的整体，这正是荣格心灵探索的意义和目的所在。 60

*

阐明荣格所用的工具和方法，也是本书的主旨，但是为了便于理解，我们先简要地探讨一下理论的第二部分：心理动力学。

第 二 章

心理过程和心理反应的规律

力比多的概念

63

按照荣格的理解，整个心理系统始终处于能量的流动之中，他把心理能量视为将心理系统所有形式和活动联系起来并使之活力充沛的那种力量的总和。他将心理能量称为力比多[1]，其实无非就是指心理过程的强度。这种强度只能通过心理反应和心理功效得以测定。力比多概念的使用与物理学中相似的概念“能量”没什么两样，两者都是在实践中得到印证的理论假设，都是表现动态关系的抽象概念。[2]

心理力量和心理能量不是一回事，两者概念的区分尤其必要。“能量并不存在于客观现象本身之中，而只能通过特别的经验材料得到表现，也就是说，在经验中，如果能量正在作用，那就表现为运动和力量；如果能量还在潜伏，那就表现为状态和条件。”[3]心理能量发生作用的时候，总是表现在特殊的心理现象中，如冲动、愿望、期待、激动的情绪、工作效率，等等。而潜在的心理能量表现在成就、潜力、倾向、决心之

1 “力比多”概念被弗洛伊德用来指称人的性欲，而荣格赋予其完全不同的、更广泛的意义，两者之间的这个区别即使在专业圈子里也没有得到足够的重视。

2 由于很多人理解有误，在此有必要强调一下，这里所说的能量与亚里士多德的能量概念有着根本的区别，却与物理学中的能量概念有着相同的作用。荣格为了在心理学领域中将它作出区分，便将这种能量称为“力比多”。能量概念与形而上学无关，我们只是用它来帮助我们整理和理解经验，荣格心理学中的力比多概念也是一样。如果像一元论者那样，把能量设想为世界的本源或某种物质实体，这时能量才属于形而上学。如果一个经验论者说起“能量”，那就不是他要规定什么，而是他所看见的事实已经把能量摆在他面前了。“概念”有两种类型：一种是作为前提预先存在的理念或模式，比如亚里士多德或经院哲学的“能量”概念；另一种是用于事后整理的经验性概念，比如荣格的“力比多”概念。

3 荣格：《论心理能量》(1928)，《荣格全集》第8卷，§26。

中。[1]“如果我们立足于普通常人的科学感觉，远离过于深邃的哲学思考，那么我们最好把心理过程干脆看成一个生命过程，这样我们就能把心理能量的狭窄概念扩展为‘生命能量’的宽广概念，而所谓的心理能量是生命能量中的一个特殊部分。……生命能量的概念与生命力无关。……生物学和心理学有形成自己概念系统的特权，当我们在心理学中刻意使用生命能量假说时，我们称生命能量为力比多，为的就是将它与普通的能量概念区分开来。”[2]

所以荣格认为，心理结构不是静态的，而是**动态**的。打个粗略的比方，就像细胞的合成和拆解维持着机体的生理平衡一样，心理能量也决定着各种不同的心理现实之间的关系，它在流动过程中将所有的障碍都转化为病态表现。从能量的角度观察心理事件，这是一种目的论的方法，与此对立的是机械性的观察，那是因果论的方法。目的论并非唯一可行的方法，我们将会看到，荣格会使用所有可用的观察方法，但目的论给唯能论打上了烙印，并且包含在唯能论的基本规律之中，那就是所有的心理过程都要遵循的**必然矛盾**规律。

64

矛盾结构

荣格认为，矛盾是“人类天性中固有的一个规律”。“心理是一个可以自我调节的系统”。又说：“没有矛盾，就没有平衡，就没有自我调节的系统。”[3]赫拉克利特发现了最无懈可击的心理学规律，即矛盾的调节功能。他称之为**反向转化**，对此他的理解是，一切都会转向对立面。“从

1　比如“意志”，就是一种由意识控制的、有方向的、特殊的心理能量。参见第 24 页注释 1。

2　荣格：《论心理能量》（1928），《荣格全集》第 8 卷，§32。

3　荣格：《无意识心理学》（1943），《荣格全集》第 7 卷，§93。

早上过渡到下午，这是对之前价值观的重新评价。看到昔日理想的对立面的价值，认识以往信念中的错误，这是非常必要的。……但是如果因为在价值中看见了无价值的东西，或在真实中看见了不真实的东西，于是就否认价值和真实，那就大错特错了。价值和真实只是变得相对化了。……人的一切都是相对的，因为一切都有内在矛盾，一切都是能量现象。能量必然要以预先存在的矛盾为前提，没有矛盾绝不可能有能量。……能量的平衡过程开始之前总是必须先有高低冷热等矛盾。……所有有生命的东西都是能量，所以都有内在矛盾。……我们追求的目标不是转变成对立面，而是在维护之前价值观的同时认可其对立面，两者应该结合起来。”[1]

前面所说的心理结构，也就是心理功能、心理倾向、意识与无意识的关系，等等，已经涉及这个矛盾规律，矛盾双方处在对立的位置，相互补偿，相互平衡。就是在分支系统中，这条规律也同样有效，矛盾双方不断地转换。比如说，如果不加干预听之任之的话，积极内容和消极内容会轮流占据无意识；如果出现了光明正大的幻想，紧跟其后的就是见不得光的幻想；在意识中，正面的思考之后出现的是负面的情感反应。通过心理能量的运动和转换，这些关系可以相互调节，并保持其活力和强度。所有这些成对的矛盾，不仅内容是对立的，而且能量负荷也是此消彼长。能量的分配最好用连通器的作用原理来解释，但是如果把整个心理系统想象成一个连通器，那就非常复杂了，因为心理是一个结构紧密、相对封闭的系统，包含着很多分叉的连通器。从某种程度上说，在整个系统中，能量的总量是恒定不变的，变化的只是能量的分配。

65

柏拉图将心理想象成“自体运行的系统”，这与物理学的能量守恒定律有着相似的原型。“如果不是被另一个等价的价值所取代，任何心

1　荣格：《无意识心理学》（1943），《荣格全集》第 7 卷，§§ 115—116。

理价值都不会自行消失。”[1] 能量守恒定律不仅作用于意识和无意识之间，而且它对意识或无意识中的每个元素或内容都有效，一个元素能量增加的时候，必然减去那个对立元素的能量负荷。

“能量以及能量守恒的理念一定是个原始意象，从来都沉睡在集体无意识中。这个结论必然证明，这样一个原始意象确实存在于思想史上，而且千年不灭。……证据是：世界各地有很多原始宗教就是以这个意象为根据的，这都是些所谓的神力宗教，其唯一最重要的思想就是：魔力无所不在，一切都围绕它运转。……在古老的观念中，灵魂就是这种力量，灵魂不死的理念就意味着灵魂的守恒，在佛教的转世轮回观念中，守恒的灵魂拥有无穷无尽的转换能力。”[2]

66

力比多的运动形式

能量守恒定律表明，能量可以**转移**，由于一个自然落差而从矛盾双方的一方流向另一方。比如说，意识失去多少能量，无意识就会增加多少能量。意志也可以将能量从矛盾的一方引向另一方，**改变**其表现形式和作用方式，弗洛伊德术语中的“升华”[3] 就属于此类情形，但是在弗洛伊德看来，只有“性能量”才能如此转换。

只有存在落差的时候，能量才会流动，在心理学中，势能的差距就表现在矛盾双方之间。所以说，能量的淤堵是引起神经症状和情结的原

1　荣格：《现代人的精神问题》（1928），《荣格全集》第 10 卷，§175。

2　荣格：《无意识心理学》（1943），《荣格全集》第 7 卷，§108。

3　“升华”是一种自我防御机制。原为物理学概念，弗洛伊德将其引入心理学，意即个体将不为社会认可的本能冲动（如性欲冲动、攻击冲动等）转化为符合社会标准的行为表现，如将性欲冲动升华为诗歌、音乐、艺术创作等，将攻击冲动升华为体育竞赛。——译注

因，当一方彻底排空时，矛盾组合彻底解体，这是所有的障碍中都会出现的现象，小到轻微的神经症，大到个体的彻底解离、分裂，都不例外。按照能量守恒定律，意识流失的能量会转入无意识，激活无意识内容，比如受到压抑的内容、情结、原型等，这些内容于是开始独立行动，可能闯入意识，引发障碍、神经症和精神病。

但是，能量绝对均衡的分配就像这种极端片面的分配一样有害，物理学中的熵定律[1]在此处同样有效。简单地解释一下熵定律，就是在做工的时候热量会流失，有序运动会转变为无序的、散乱的、不能再用于做工的运动。运动因落差而起，在运动过程中势能逐渐流失，必然导致一种平衡，要么热死，要么冻死，总之是一种死寂状态。[2]因为我们的经验只能进入相对封闭的系统，所以我们没有机会观察到只能出现在绝对封闭系统中的绝对心理熵。但是，心理分支系统之间的隔绝越是极端，对立两极之间的撕裂和冲突越是剧烈，作为后果，心理熵现象就越是严重（比如很多精神病人态度呆滞僵直，跟谁都没有交往，对什么都漠不关心，自我中似乎空洞无物，就是心理熵的表现）。这条定律的相对形式我们在心理中随处可见。"最严重的冲突一旦被压服，留下的是安定、平静或破碎的心，既无法扰乱，也无法治愈。相反，如果想获得持久的成功，严重的矛盾冲突及其爆发是非常必要的。……当我们说起'坚定的信念'或类似的话时，已经不自觉地用上了能量角度的观察方式。"[3]

67

无机界能量过程的特征是不可逆性，要想逆转这个过程，就得通过机器和技术人为地干预自然过程。而在心理系统中，意识可以自由干预，实施逆转。"心理的创造性在于，干预纯粹的自然过程，从而形成自己

1　熵定律，热力学第二定律，即能量只能从可利用向不可利用、从有序向无序、从有效向无效转化，也就是向耗散的方向转化，不可逆转。熵是不能再被转化做工的能量总和的测定单位。荣格将熵概念引入心理学，用以说明心理能量总是倾向于从高能量的心理结构向低能量的心理结构转移，直至能量趋于平衡。——译注

2　这条定律决定了物理学中运动的方向和不可逆性。

3　荣格：《论心理能量》（1928），《荣格全集》第 8 卷，§ 50。

的结构，心理的主要干预手段是创立意识，并且尽可能地分化和拓展意识”[1]，而驾驭自然是心理的能力。

前行与退行

能量运动是有方向的，按照时间顺序，可以分为前行运动和退行运动。[2] 前行运动旨在“适应有意识的生活要求，并在这方面不断地进步，让心理倾向和心理功能获得必要的分化”[3]，前行运动的方向由意识决定，其中最重要的事情就是考虑和协调对立的矛盾，使所有的冲突和选择都得到适当的解决。如果因为有意识的适应遭遇失败，产生压抑，从而导致不可避免的严重的能量淤堵，那就会发生退行运动，其后果是无意识内容因获得过多的能量而泛滥。如果意识不及时加以干预，有些退行就会把个体推回到早期的发展阶段，形成神经症，如果个体完全倒转回去，无意识内容淹没了意识，那就会出现精神病症状。但前行和退行绝不仅限于上述极端形式，我们日常生活中成千上万大大小小、重要或不重要的转变，都可以用前行和退行进行解释。每一次的关注和努力以及每一次意志行动，都是能量前行的表现，而每一次的疲倦、精神散漫、情感反应，尤其是每一次睡眠，都是退行的表现。

对前行和退行的概念绝不可妄加褒贬，区分哪一种是正面的，哪一种是负面的。与弗洛伊德不同的是，在荣格的思想体系中，就是退行也

1 托妮·伍尔夫 :《荣格心理学研究》，第 188 页。

2 这是“生命运动”，不能与“发展”和“退化”相混淆。我们可以称之为“舒张”和“收缩”，“舒张是力比多在宇宙万物中的外向性扩张，收缩是力比多集合于个体、单子……”[荣格 :《论心理能量》(1928)，《荣格全集》第 8 卷，§71，注释 49]

3 托妮·伍尔夫 :《荣格心理学研究》，第 194 页。

有其积极的价值。前行是对外适应所必需的，而退行是对内适应所必需的，它能让人与自己的内在规律保持协调，[1] 所以两者同样是自然心理过程必不可少的体验形式。“从能量的角度看，我们只能把前行和退行视为能量流动的方式和通道”[2]。尽管有时候在个体心理中退行是障碍的表现，但同时也是通向平衡的道路，甚至可以说，它提供了拓展心理的契机。比如在梦中，正是退行激活了无意识中的意象，并将其提升到意识中，丰富了意识，退行包含着促成新的心理健康的萌芽，尽管这种萌芽尚未分化，但获得提升的无意识内容，可以发挥“能量转化器”的作用，它们有能力将心理事件的方向转变为前行。

心理值与心座

69

力比多的运动方向不仅有往前往后、前行退行，而且还有向内向外，分别对应内倾和外倾，除此之外，能量运动的第二个重要指标是**心理值**。意象是能量在心理中特殊的表现形式，创造性想象的塑形能力将意象从集体无意识，即客观心理的材料中提升上来。心理的这种创造性活动将无意识中混乱无序的内容转换[3] 成了意象，然后又在梦、想象、幻象，以及一切形式的艺术创作中表现出来。这个过程最终决定了意象的意义负荷，也就是“心理值”。意象的意义负荷即重要性，是通过**心座**得以确定的。在心座中，每一个意象都出现在特有的环境中，并在其中有自己的**位值**。比如在梦中出现多个意象，这些意象按照位值的不同，各自有着不同的意义。同样的意象或意象母题这次是配角，下次却可能是主

1　荣格：《论心理能量》（1928），《荣格全集》第 8 卷，§§ 74 及以后。

2　同上，§ 76。

3　荣格说：“转变能量的心理机器是象征。”［荣格：《论心理能量》（1928），《荣格全集》第 8 卷，§88］

角，是真正的情结载体；相比一个有父亲情结的人，一个有母亲情结的人心理中“母亲”的象征获得的能量更多，心理值更高。

能量流动中的方向和强度相互制约，互为条件。造成能量流动并决定其方向的是落差，而落差正是由于心理现象所获能量的差异而形成的，或者说是由于心理内容对个体的重要性各不相同而形成的。

*

70

荣格所使用的力比多或心理能量的概念绝对是心理生活的基础和调节因素。这个概念正确描述了心理中真实发生的过程及这些过程彼此之间的关联，但是否真的存在一种特殊的心理力量，这个问题与力比多的概念无关。

如果我们要描述心理生活、心理的运动和现象，可以从三个方面着手：首先阐释心理结构的特征，正如我们在第一章所做的；其次关注功能的行使，我们说过了力比多理论；最后就该说说心理内容了，我们通过心理治疗或别的途径，都可能迎面遇见心理内容，这是第三章的主旨。

第 三 章

荣格学说的实际应用

荣格心理学的双重意义

73

虽然荣格的心理治疗严格恪守医学、科学及所有相关学科中已经得到实践经验印证的理论前提，但他用的不是普通意义上的分析方法。荣格的疗法是双重意义上的“健康之路”，它具备所有治愈心理创伤和精神痛苦的先决条件，它的工具可以消除最微不足道的心理障碍和神经症的萌芽，它能成功应对最复杂、后果最严重的心理疾患；此外，它也有办法让人认识和完善自己的人格，获得“福祉”，这从来就是一切精神追求的目标。这条道路避开一切抽象的解释。仅凭理论性的理解和解释只能在一定程度上掌握荣格的思想体系，要想获得充分的理解，我们必须亲身体验其实实在在的效果，而这种效果只能点到为止。荣格思想作为“心理疗法”，我们只能体验，或者更正确地说，只能“忍受”，像所有的心理体验一样，这条道路也是个人经验，最有效的真实正在于其主观性。这种心理体验是唯一的，尽管它常常重复，而且只有在其主观界限之内才能为理性所理解。

荣格的心理治疗除了医学效果之外，还有心理疏导、教育、形成人格的作用，两方面可以双管齐下，但不是必须的。很少有人愿意并且下定决心走上这条“健康之路”，这也许是理所当然的，而就是“这很少的人走上这条道路，即便不说是出于不得已，至少也是迫于内心的压力，因为这条道路像刀刃一样狭窄”[1]。

对于形形色色找到荣格寻求治疗的患者，他并没有开出普遍有效的处方。根据个案的条件，病患的心理水准和状态，荣格使用不同的方法

1　荣格：《自我与无意识的关系》(1928)，《荣格全集》第7卷，§401。

74 和治疗分寸。荣格承认性欲和权欲的决定性地位，所以确实也将很多病例的病因归结为由这些冲动中的一种引起的障碍，所以用弗洛伊德或阿德勒的理论加以治疗。但弗洛伊德主要用性欲，阿德勒主要用权欲来解释致病原因，而荣格认为除此之外，还有别的同样重要的因素能造成心理动荡，所以他坚决拒绝接受那种把所有的心理障碍都归因于某种单一冲动因素的假说。除了这两种比较重要的因素，他对别的一些冲动因素也很重视，而其中最重要的居于顶端的是人类独有的一种因素：心理中天生就存在的精神需求和宗教需求。荣格的这个观点是他整个学说中决定性的组成部分，使荣格学说从其他学说中脱颖而出，并决定了荣格学说的展望性和综合性方向。"精神需求在心理中也表现为冲动，是真正的激情，它不是其他冲动的衍生物，而是自成一类，是本能力量不可或缺的形式。"[1]

荣格一开始就为自然冲动的世界，即我们的原始生物天性竖立起一个势均力敌的对立面，这个对立面是人类独有的，能对原始天性加以塑形和发展。原始冲动的多样性与人格形成之路彼此对立，形成一对矛盾，我们称之为天性与精神，心理能量可能就是来自于这一对矛盾之间的张力。[2] 天性与精神定下了两个基调，在此基础上形成了枝繁叶茂的心理结构。"从这个观点出发，心理过程就是本能冲动与精神之间的能量平衡，至于某一具体的过程是精神性的还是冲动性的，一开始是很难下定论的，这个判断完全取决于意识的水准或状态。……心理过程就像一个刻度滑块，沿着意识滑动，有时接近于冲动过程，就难以摆脱冲动的影响，有时又接近精神占优势的另一端，甚至能同化与精神对立的冲动过程。"[3]

75 "天性"与"精神"在此处的含义不同于一般在哲学中的含义。荣

1 荣格：《论心理能量》（1928），《荣格全集》第 8 卷，§ 108。

2 同上，§ 96。

3 荣格：《论心理的本质》（1947），《荣格全集》第 8 卷，§§ 407—408。

格似乎从未在什么地方明确定义过“冲动”概念，他用这个概念说明一种找不到意识动因的自主行动，所以当他说起精神与天性之间的“张力”时，指的主要就是“意识与无意识即冲动之间时不时出现的对立”，因为只有后者可以通过经验得到证明。“在原型想象和本能感觉中，精神与物质在心理学层面是对立的。在心理领域内，不论物质还是精神，都是意识内容的标志性特征，两者都是先验的，也就是说是不可表现的，因为心理及其内容是我们唯一能够直接观察到的真实现实。”[1]

与精密学科的关系

现在我们到了确定整个荣格学说的方向、基调和深度的紧要关头，我们将说明荣格学说是一个没有成见的体系，不会拒绝来自任何一个方向的疑难问题，在发现心理学新领域的时候自然会产生新问题。细心的读者也许会认为自己在荣格著作中发现了诸多自相矛盾的概念。心理学知识必须如实地描述它所发现的事实，而它所发现的事实并不是一个“或者……或者……”，而是如荣格所说，是一个“既……也……”。荣格对真相的研究既是认识也是洞察。

如果有人把一个多少带点贬义的词“神秘主义”用在荣格身上，那只能说明，他完全忘记了，现代自然科学中最严格的理论物理学以其今天的形式，不多不少正好与荣格学说一样神秘。在所有自然学科中，理论物理学与荣格学说最相类似。荣格心理学中被称为自相矛盾的东西，到了当今的理论物理学中，成了二元论的“或者和或者”，二元论也是靠着最大胆的逻辑构想才得以坚持下来，因为它承载着事实。二

76

1 荣格：《论心理的本质》（1947），《荣格全集》第 8 卷，§420。

元论在现代物理的概念体系中非常常见，比如关于光性质的假说相互矛盾（是波还是粒子）[1]，再比如将广义相对论和量子物理的定律统一起来的一切努力都失败了。可是即便如此，也并没有人指责现代物理学缺乏逻辑能力和条理，因为正是物理现象似乎反逻辑的性质，让人承认了不可统一性，即悖论。虽然人们并没有放弃统一的希望和追求，但不能强求。

心理学的困难在于，它从实践经验出发，始终离不开经验，但是在这个领域中，来自经验的语言表达却无论如何都不贴切，充其量只能是一种尝试。从这个意义上说，荣格像任何一个自然科学家一样，算不上"形而上学者"，因为自然科学家也只能说出经验所得和实际发现。但是心理学也像现代自然科学一样，有一条界线，那是经验终止的地方，也是形而上学起始的地方。普朗克[2]、哈特曼[3]、于克斯屈尔[4]、爱丁顿[5]、金斯[6]，以及其他人都承认了这一点。荣格心理学所开发的经验领域，以特定的观点得到了彻底的研究，并经过科学、系统的整理，仅凭其性质就与自然科学的常见观察方式并不相容，也不要求理解抽象概念。顺便说一下，在现代精密的学科中，物理学相对最简单，所以概念也最完备，也只有物理学有可能将直接经验无法验证的大胆假说，用纯粹形而上的语言表述出来。

每一种现代的深度心理学都长着两张面孔，一张面对活生生的体验，另一张面对抽象思考，所以那么多生活在欧洲概念和语言体系中的深邃

---

1 荣格的结论是："物质和精神是同一事物的两个不同方面，这不仅是理论上的可能，而且在现实中也是有迹可循的。"［荣格：《论心理的本质》（1947），《荣格全集》第8卷，§418］

2 Max Karl Ernst Ludwig Planck（1858—1947），德国理论物理学家，因提出量子假说获1918年诺贝尔物理学奖。——译注

3 Johannes Franz Hartmann（1865—1936），德国天文学家。——译注

4 Jakob Johann von Uexküll（1864—1944），出生于爱沙尼亚，是20世纪最重要的动物学家之一。——译注

5 Authur Stanley Eddington（1882—1944），英国天文学家、物理学家。——译注

6 James Hopwood Jeans（1877—1946），英国数学家、物理学家、天文学家。——译注

的思想家，不论是帕斯卡[1]、克尔凯郭尔[2]还是荣格，当他们研究的问题涉及的不是明确的领域，而是涉及心理的双面、双义本质时，他们往往不可避免地会用到自相矛盾的说法，而且往往富有成果。

荣格所理解的“综合”概念，其合理性和进步性在于走出了旧心理学单一的因果论思路，在他的认识中，精神不能仅被视为“升华”，是伴发现象，他认为精神是独立现象，是最高原则，有了精神，心理甚至身体才得以成形。[3]我们不需要急急忙忙地去寻找佐证，这里就可以指出，正是因为因果论面对的新经验陷入了逻辑困境，才导致物理学出现了革命性的冲突。现代关于因果论的讨论表明，我们不能把因果关系当作原因和结果，而只能将其理解为“顺序”。荣格在大约二十五年前就发现，科学中普遍使用的因果论概念根本满足不了心理学的需要。他在《〈分析心理学论文集〉序言》[4]中就已经断言：“因果论只是一条原则，按照心理学的性质，仅凭这一条原则是无法解释其中所有问题的，因为心理也是有目的、有追求的。”这种目的性存在于我们意识不到的内部法则中，无意识中上升的象征形态和影响决定了这种法则。前面已经谈到，荣格对非因果性的问题做过深入的研究，将其视为对某些现象的特别解释原则，把这些现象统称为“颇有深意的巧合”。对于我们心理的创造性及其表现，因果论同样既不能证明也不能解释。“在这个关键点上，心理学不同于自然科学，虽然两者有着相同的观察方法，都从实践经验出发，发现事实真相，但心理学缺乏一个外在的阿基米德支点[5]，不可能进行完

1　Blaise Pascal（1623—1662），法国数学家、物理学家、哲学家、散文家。主要著作有《几何学精神》《致外省人书》《思想录》等。——译注

2　Søren Kierkegaard（1813—1855），丹麦哲学家、神学家，存在主义的先驱。主要著作有《恐惧和战栗》《哲学片断》《人生道路诸阶段》《非科学的最后附言》《致死的疾病》等。——译注

3　荣格说：“物理学家也已经注意到微观物理学中的原子世界与心理学的相似之处。”［荣格：《分析心理学与教育》（1926），《荣格全集》第17卷，§164。］

4　第二版，1917年，第X到XII页。

5　传说阿基米德说过：“给我一个支点，我就可以撬动地球。”——译注

全客观的衡量。”[1]“我们没有一个阿基米德支点可供立足，然后从这个立足点出发进行客观的判断，因为心理和它的外在表现是不可分的。心理是心理学研究的客体，不幸的是，心理同时也是心理学研究的主体，这是我们无法突破的局限。”[2]就是怀特海[3]和爱丁顿这样的思想家从物理学中得出的结论，也将精神力量视为第一性的，我们也可以将精神力量说成是“神秘的”，事实上已经有人这么说了。

78

所以我们不用谈“神秘”色变，尤其不能将“神秘主义”与一钱不值的非理性主义混为一谈，因为理性和现代逻辑都在这里碰到了极限。如果我们能正确地定义“认识”的话，那么理性与逻辑的极限不在于否定“灵异事件”的独立性甚至权威性，而在于对其作出合理的解释。

每一种“深度心理学”都必然在认识与体验的交界地带活动，这必然使得这门学科的概念表达遭遇无法克服的困难。荣格努力以其创造性的语言表达力作出必要的概念区分，但是鉴于客观的阻力，这种努力也并不总能完全获得成功。如果有人称荣格为“形而上学者”，那是因为他们混淆了认识和体验，他们以为可以将后者表达成前者，而这正是荣格极力避免的错误。

“问题的疯长”是现代逻辑学和荣格心理学同样使用的表达，这也许并非偶然，这里指的不是可以回答的问题，而是只可意会不可言传的问题，也是构成荣格学说心理体验和心理疏导内容的问题。当然，我们不能忘记，每一个人都难免有“主观公式”，就是顶级的科学天才也不例外。这种主观公式在这里同样有效，任何主观表达都要受到它的限制。

1 荣格：《分析心理学与教育》（1926），《荣格全集》第17卷，§163。

2 荣格：《心理学与宗教》（1940），《荣格全集》第11卷，§87。

3 Alfred North Whitehead（1861—1947），英国数学家、逻辑学家和哲学家。他反对机械论，主张把自然界理解为活生生的创造进化过程，理解为众多“事件”综合和有机的联系，故其哲学被称为“有机体哲学”或“过程哲学”。但他却是唯心主义者，且充满宗教神秘主义色彩。其主要著作有《数学原理》（与罗素合著）《关于自然知识原理的研究》《自然之概念》《过程与实在》《观念的探险》《思维方式》等。——译注

因果论与目的论

将当今三大心理治疗学派的指导性原则做一简要的对比,[1]那么我们可以说:西格蒙德·弗洛伊德寻找的是动力因,[2]也就是心理障碍形成的原因;阿尔弗雷德·阿德勒是从目的因的角度观察和处理当下的状况,他与弗洛伊德都把冲动视为质料因;而荣格虽然也考虑质料因,而且也把目的因当成出发点和目标,[3]但他还加入了最重要的东西,那就是形式因,就是象征所代表的那种塑形力量。象征是意识与无意识之间,或者说心理的一切对立两极之间的中介。荣格学说“始终关注分析的最终结果,把无意识最根本的意图和冲动视为象征。象征显示了未来发展的路线。必须承认,这个看法得不到科学的辩护,因为当今的科学观点完全建立在因果论的基础之上,但因果论只是一条原则。按照心理学的性质,仅凭这一条原则,是无法解释其中所有问题的,因为心理也是有目的、有追求的。撇去值得商榷的哲学论证不谈,我们的假说可以获得一个非常有利的支持,那就是生活的必需。我们在生活中不可能毫无遮拦地追求天真的享乐主义和幼稚的权欲,即便我们将这些欲望纳入生活计划,

1 这三大心理治疗学派的系统对比可见下列书籍:W. 克兰菲尔德(Kranefeldt):《精神分析》,戈申藏书系列,莱比锡,1930年。G. 阿德勒:《发现心灵》,苏黎世的拉舍尔出版社,1934年。约兰德·雅各比:《关于弗洛伊德和荣格的两篇论文》,苏黎世,1958年。

2 亚里士多德四因说指的是事物形成和变化的四种原因:质料因(causa materialis)、形式因(causa formalis)、动力因(causa efficiens)和目的因(causa finalis)。质料因是构成事物的质料或基质;形式因或原型表述出本质的定义;动力因指变化或静止的最初根源;目的因是之所以做一件事的“缘由”。——译注

3 “目的论将原因理解成实现目标的手段。以退行问题为例:从因果论看,退行的原因可以是‘对母亲的依附’;但从目的论看,是力比多退回到了母亲的意象中,并在其中找到记忆联想,从而实现进一步的发展,比如从性欲系统发展到精神系统。”[荣格:《论心理能量》(1928),《荣格全集》第8卷,§43。]

也要加以象征的理解。从对幼稚冲动的象征理解中产生的行为，可以获得哲学的或宗教的名分，这些名分足以对个体以后的发展方向作出定性。个体一方面是固定不变的心理现象的合成体，另一方面又是非常多变的。

如果仅仅还原成因，那会加强人格的原始倾向。只有同时承认这种倾向的象征内容，才能平衡这种倾向，也只有这样的还原法才能有些意义。还原法分析能找到真正的原因，但这本身无益于生活，只能让人灰心绝望，而承认象征的真正价值，可以找到建设性的真相，增加希望和未来发展的可能性，对我们的生活自有帮助”[1]。后来他又说："当我们要解释一个心理事实的时候，不要忘记，心理学要求两种观察方式，即因果论和目的论。这里的目的论只是指心理内部会向着某一个方向努力。"[2]换句话说，弗洛伊德用的是还原性方法，而荣格用的是展望性方法，弗洛伊德的分析是把现实融入进去，而荣格是面向未来综合改造当下的现状，他努力在意识与无意识之间，或者在心理中所有的对立两极之间建立联系，让人格获得一个持久平衡的基础。

辨证方法

之所以说荣格的方法是"辨证方法"，不仅因为它是两人之间的对话，造成两个心理系统之间的相互影响，而且因为它使意识内容接触无意识内容，使自我接触非自我，从而在这两种心理现实之间挑起争端，以便在两者之间架起桥梁，让它们汇合于第三者，最终的目的是综合。从治疗的角度看，作为前提，治疗师同样必须无条件地认可这条辨证原则，

---

1 此处引文前引号在上一段，见荣格：《〈分析心理学论文集〉序言》，伦敦，1916年。参见《荣格全集》第4卷，§679。

2 荣格：《梦心理学通论》（1928），《荣格全集》第8卷，§456。

他不是与患者保持着理论距离，仅仅“分析”患者而已，而是要像患者一样投入到分析之中。[1]

除此之外，也因为无意识独立发挥作用，有其自身的规律，所以其他分析方法中不可避免的“移情”，也就是患者将所有想象和情感盲目投射给分析师的现象，在荣格的分析方法中并不是非用不可的治疗手段。在有些情况下，尤其是当过分移情的时候，荣格甚至认为它妨碍了疗效。弗洛伊德把针对分析者的“移情”视为必不可少的，但荣格认为与第三者的“联系”——比如说分析对象正在恋爱——才是对神经症进行分析治疗的合适“基础”，同样也是为了心理的发展而与无意识达成协议的合适“基础”。婴幼儿时期曾经遭受的创伤情感，是造成神经症的原因，弗洛伊德认为只有“重新体验”这种情感才是最重要的。但荣格认为重要的是，要“体验”当下人际关系中的困境，为的是能与周围的人和谐相处。所以分析者与分析对象双方都必须“投入”，但双方都应该尽可能保持客观。

心理治疗是无意识的相互影响，两种人格的相遇就像两种化学物质的混合，一旦结合，双方都会发生变化。在使用辨证方法时，“医生必须走出他的匿名状态展示自己，而这也正是他对患者的要求”[2]。在以荣格的方法治疗中，治疗师的作用不像以弗洛伊德方法那么被动，他必须主动干预、鼓励、指明方向，形成人格的碰撞。这种作用方式能大大地推动心理的变化过程，很显然，其中医生的人格水平、大度、诚实、气场都是极其重要的。相比其他所有深度心理学的治疗方法，荣格方法中医生的人格作用重要得多，也主动得多。也正是出于这个原因，荣格要求从事心理治疗职业的分析师自己首先要接受彻底的分析，也就是所谓的“见习分析”，这是成为分析师必不可少的前提。每一个心理引导者

1　这里及以后出现的“患者”一词（有时也称“分析对象”）泛指所有“寻求治疗的人”，既包括精神病患者和神经症患者，也包括为了改善人格和性格而信托荣格心理疗法的健康人。

2　荣格：《心理治疗实践的基本原则》(1935),《荣格全集》第16卷，§23。

82 自己走多远，被他引导的人最多也只能走多远。这里需要注意的是，再聪明、再出色的治疗师也不可能让患者的进步超越其天生潜在的可能性，任何努力都不可能把人格的界限扩充到与生俱来的范围之外。所以每个个人心理发展的可能性，始终受到其先天条件的制约，能够达到的目标永远只能是尽其所能。

通向无意识的道路

“有四种方法，”荣格说，“可以用来研究患者身上未知的东西。

1. 第一种也是最简单的方法是联想法……旨在寻找主要的情结，从语词联想测试受到的干扰中就可以窥见情结的端倪。”[1] 作为分析心理学和情结症状学的入门，这个办法对于初学者特别值得推荐。
2. “第二种是症状分析法，它只有历史价值，就是通过暗示让患者再现引发病理症状的回忆。对于主要由情感打击、心理伤害或精神创伤引起的神经症，特别适合使用这种方法。弗洛伊德正是在此基础上建立了早期的癔症梦理论。
3. 第三种是既往症分析法，这种方法不论对于治疗还是对于研究都极有价值。具体的做法就是让患者仔细回忆既往病症或追述神经症的发展过程。……单单这个过程就有治疗价值，因为这样能让患者理解自己的神经症病因，有时能帮助他大大地改变自己的倾向。医生不仅要提问，而且要提供解释和指导，让患者弄清他没有意识到的重要关联，这一切既是必要的，也是不

1 荣格：《分析心理学与教育》(1926)，《荣格全集》第 17 卷，§§ 174 及以后。

可避免的。

4. 第四种是无意识分析法……它要在意识材料耗尽之后才能开始起作用。……既往症分析法往往是这第四种方法的入门。……对于这种方法而言，个人关系尤其重要，因为只有打下了这个基础，我们才敢处理无意识。……建立个人关系绝非易事，除了双方都毫无保留地仔细比对双方的观点，别无他法。……从这里出发，我们才能关注活跃的内心过程，也就是梦。”[1]

梦

认识无意识的机制和内容最常用、最有效的途径就是研究梦，梦的材料由意识元素和无意识元素、已知元素和未知元素构成。这些元素来自四面八方，从所谓的“日间残余”到无意识最深处的内容，可以有各种不同的组合。荣格说过，梦元素的排列是不遵循因果规律的，也不受时间和空间的约束，它们的语言是原始的、象征的、前逻辑的，是一种形象化语言，其意义只有通过分析解释才能明了。荣格赋予梦极其重要的地位，他不仅把梦视为通向无意识的道路，而且认为梦还有一种功能，它能宣示无意识的大部分调节活动，因为梦表现了“另一面”，即与意识倾向对立的那一面。

“要说明这种行为，我能想到的唯一可用的概念是补偿。在我看来，只有这个概念才能概括梦的所有行为方式。我们必须严格区分补偿和补充：补充是个过于狭窄的概念，它不足以恰如其分地解释梦的功能，因为它可以说是一种机械的关系，而补偿则是将不同的材料和观点进行对

1 荣格：《分析心理学与教育》（1926），《荣格全集》第 17 卷，§§176、177、180—181、184。

84 照和比较，使之产生平衡，或得到纠正。”[1] 心理的这种与生俱来的补偿功能似乎是人类独享的功能，它在个性化过程中，即在心理发展成“统一整体”的过程中起了很大的作用，我们完全可以称之为人类特有的心理活动。

梦的作用不仅仅表达焦虑或者愿望，而且干预全部的心理活动。考虑到梦的这种极其重要的补偿功能，荣格拒绝列出一个“标准象征”的清单。无意识内容总是多义的，它们的意义既取决于它们现身的场合，也取决于每一个梦者特别的生活情境和内心状态。有些梦甚至超越了梦者个人的疑难情况，表现了人类历史中一再出现的问题，关乎整个人类。这些梦往往具有预言的性质，所以至今原始部落仍将它视为整个族群的大事，要举行隆重的仪式才能公开进行解释。

除了梦之外，荣格也把想象和幻象视为无意识显现的载体，它们与梦相似，都是出现在意识水准下降的时候。它们来自于个人无意识或集体无意识，其意义或明显或隐晦，为心理解释提供了等价于梦的材料，从普通的白日梦和梦想到发狂之人的幻象，它们的变化无穷无尽。

梦是通往无意识内容最便捷的通道。由于它的补偿功能，它特别适用于解释和阐明内心的关联，所以荣格把梦视为心理治疗的主要工具。“梦的分析问题与无意识的假说共进退，没有这种假说，梦只是白日体验的断简残篇凑成的一堆毫无意义的杂乱零碎。”[2] 对于荣格而言，想象与幻象的用途和梦一样，下面为了简单起见只说到梦，读者应当对想象和幻象也做同样的理解。

1 荣格：《梦的本质》(1945)，《荣格全集》第 8 卷，§ 545。

2 荣格：《梦的分析的实际应用》(1934)，《荣格全集》第 16 卷，§ 294。

梦的解释

85

在心理分析的辨证过程中，除了借助于医患双方提供的关联和联想对相关材料进行讨论和处理之外，对梦、幻象，以及所有形式的心理意象的解释具有核心地位。但是对于患者提供的材料最终作出什么样的解释，只能由患者单方面决定，对此起决定作用的是患者的个性。他必须有一种明确的赞同感，那不是一个理性的肯定，而是真正的发自内心的体验，只有这样，解释才能算是得到了验证。“如果治疗师不想使用暗示，那么他对梦的解释在没有得到患者认可之前，都只能算是无效的”[1]，否则下一个梦或下一个幻象还会把同样的问题提上议事日程，而且不断地重复，直至此人因为“体验”而重新调整自己。我们经常听到这样的指责，说治疗师通过梦的解释对患者施加暗示影响，这话只有一个不了解无意识性质的人才说得出来，因为“预判的可能性和危险被大大地高估了。按经验来看，客观心理，即无意识是高度独立的，否则它也无法行使其固有的补偿意识的功能。意识就像鹦鹉，可以驯化，但无意识不能”[2]。如果医患双方在解释中犯了错，那么始终独立作用的无意识材料会锲而不舍地坚持这个过程，直至错误得到严格而无情的纠正。

荣格说：“我们不能用从意识中提取的心理学原理解释梦。梦的功能独立于意志、愿望、意图和自我的追求。梦是不以意志为转移的事件，就像自然界中发生的一切……我们很可能一直不断地在做梦，只是清醒的时候意识太吵闹了，所以我们听不见自己在做梦。如果我们能为

1　荣格：《梦的分析的实际应用》（1934），《荣格全集》第 16 卷，§316。

2　荣格：《个性化过程中的梦境象征》（1936），《荣格全集》第 12 卷，§51。

86 梦列出一个齐全的目录，那就会看到，那是一条特定的线路。”[1]这就是说，梦是一个自然的心理现象，但它自主行动，追求我们没有意识到的目标。它有自己的语言，有自己的法则，我们作为主体，用意识原理无法接近它的语言和法则。“我们不是做梦，而是被做梦，我们忍受‘梦’，我们是客体”[2]。甚至可以说，我们能在梦中经历清醒时所读的神话和童话，好像它们变成了真事，而这就是本质的区别。

梦的根源

据我们所知，梦的根源部分在于意识内容，即日有所思夜有所梦，部分在于群集的无意识内容，无意识内容的群集可能是由意识内容或自发的无意识过程引起的。这些无意识过程看上去与意识毫无关系，可能有各种成因，可能出于身体原因，可能源自周围的生理或心理事件，也可能是由过去或未来发生的事件引起的，比如有些梦生动地表现了很久以前发生的历史事件，而有些梦能预知未来（比如原型性的梦），这些梦都属于最后一种情况。还有些梦最初与意识有关系，后来这种关系又不见了，好像从来未曾存在过，于是梦里只有一堆完全毫无关联、令人无法理解的碎片，然后又表现个体的无意识内容。

前面已经提到，荣格说过梦中意象的排列不受时间和空间的制约，也不遵循因果规律。梦是“我们心理中的黑夜王国发出的神秘信息”[3]。梦绝不是对之前的体验和经历的简单重复，除非一种特殊情况例外，那就是震惊梦或者说是反应梦，那是由客观过程造成心理创伤后产生的梦，

1　荣格：《童梦讲座》1938/1939（自印本）。

2　荣格著，洛伦茨·荣格和玛丽亚·迈耶尔格拉斯编辑整理：《童梦》1938/1939，第 179 页。

3　荣格：《梦的分析的实际应用》（1934），《荣格全集》第 16 卷，§325。

比如战争中的炮击或炸弹就可能造成心理创伤。这种梦从本质上说，只是复制创伤经历或受到打击的体验，所以不具备补偿功能，即便将其意识化，也不能消除产生梦的决定因素，即震惊。“梦还是接着‘复制’，也就是说，创伤内容获得了独立，自发性地发挥作用，直至创伤刺激完全消失。”[1] 除此之外，其他的梦“总是出于一定的目的发生联系或改变，即便这个目的并不明显，但肯定不同于意识和因果规律的目的”[2]。

梦的类型

梦的意义可以归结为以下几种典型：

梦产生于特定的意识情境之后，是无意识的反应，这种梦起到补充或补偿的作用，明确指向白日的印象，所以很明显，如果没有白天的特定印象，也就不会做这样的梦。

特定的意识情境引起的梦并不紧随其后，而是产生于无意识的某种自发行动之后，无意识为这种特定的意识情境加上了与之完全不同的另一种情境，以至于两者之间出现冲突。如果说在第一种情况中，落差是从较强的意识走向无意识，那么在这第二种情况中，两者之间是平衡的。

如果无意识的反对立场强于意识的立场，那么落差就从无意识走向意识，于是梦中的景象就会完全改变，甚至翻转意识中的观念。

最后一种类型，全部的活力和重心都聚集在无意识领域中，这种梦最特别、最难解、内容最重要，它所代表的无意识过程看上去与意识毫无关联。梦者不理解自己的梦，还奇怪自己为什么会做这样的梦，因为

1　荣格：《梦心理学通论》（1928），《荣格全集》第 8 卷，§ 500。

2　荣格：《童梦讲座》1938/1939（自印本）。

88 从中找不出一丝哪怕是牵强的关涉。这种梦往往晦涩难懂，带有强烈的原型性质，它们有时出现在精神疾病或严重的神经症爆发前夕，让梦者不能理解而印象深刻的内容却突然显现。有人认为原型梦越多越好，这样的看法是缺乏根据的。相反，原型梦扎堆正说明集体无意识深处过于活跃，有突然爆炸和暴力倾覆的危险，所以在这种情况中，心理分析应当十分谨慎缓慢。如果能在正确的时机正确地理解和整合原型梦的内容，这是大有裨益的。但是，如果梦者的自我还过于狭窄，过于虚弱，还无法面对和处理原型梦，那么这种梦就会变得非常危险。

要区分这四种梦的类型，重点在于无意识的反应与意识情境的关系，从与意识内容紧密相关的无意识反应到无意识深处内容的自发显现，其间的过渡是多种多样的。[1]

梦的排列

梦的解释意义何在，有哪些手段？

每一种解释都是一个假说，只不过是破译谁也不懂的文字的一种尝试。一个孤立的、难以捉摸的梦，很难得到明确的解释，只有梦的系列才能得到相对明确的解释。前面的梦解释错了，后来的梦会作出纠正。荣格是第一个研究系列梦的人。他的出发点是“梦像意识罩盖之下的独白一样不断延续”[2]，尽管其时间顺序与梦义的内在顺序并不总是一致的，

89 也就是说其顺序不一定是从 A 梦得出 B 梦，再从 B 梦得出 C 梦，其实一个系列的梦都围绕着一个“核心意义”径向排列，从一个中心向外放射，

1 荣格著，洛伦茨・荣格和玛丽亚・迈耶尔格拉斯编辑整理：《童梦》1938/1939，第 20 页。

2 荣格：《童梦讲座》1938/1939（自印本）。

像这样：

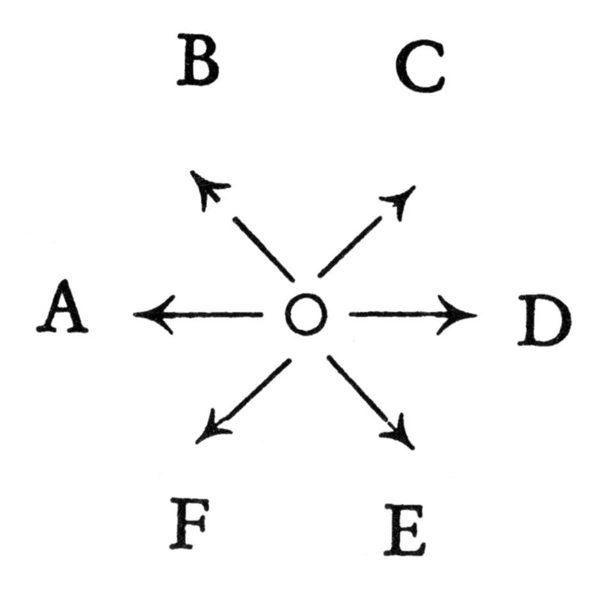

C 梦可以发生在 A 梦之前，而 B 梦既可以发生在 F 梦之前，也可以发生在 F 梦之后。如果这个核心得到开发，上升到意识中，它就会停止作用，于是梦又从另一个新的核心生发出来，就这样不断地周而复始。所以我们要督促患者记“流水账”，按顺序记下他们的梦及其释义，这样能保持连贯性，“使患者学会与自己的无意识正确交往”[1]。在这个过程中，心理治疗师的引导不是被动的，而是主动配合，干预进程，他应该说出梦可能有什么含义，向患者指明方向。只有这样，患者才能有意识地消化和整合梦的释义。“梦的阐释是很艰巨的任务，它要求分析师的心理投入、推论能力、直觉和对世道人心的洞察，而最重要的是分析师要具备一种特别的知识，也就是既要见多识广，又要有很高的‘情商’。”[2]

---

1 荣格：《梦的分析的实际应用》(1934)，《荣格全集》第 16 卷，§322。

2 荣格：《梦的本质》(1945)，《荣格全集》第 8 卷，§534。

梦的内容之多义性

前面已经说过，梦的每一个内容都不止一个含义，受到梦者自身个性的制约。设立标准象征，把它当成字典一样用于翻译，这不符合荣格对心理结构和心理本质的理解。为了能正确而有效地解释梦的内容，我们不仅要全面了解梦者的生活境况和显露在外的意识心理，而且要准确地构建梦的关联。而这是心理分析的任务，使用的方法是联想和放大。梦的内容的心理关联由“梦的内容自然嵌入的关系组织构成。从理论上说，这种关系组织是不可预知的，梦的每一个含义及其组成部分都必须假定为未知”[1]。只有在认真构建好关联之后，我们才能开始尝试解梦。将构建关联时发现的含义投入到梦的内容中，确定了梦者对释义的反应，即确定了梦者对释义的满意程度，然后才能得出一个结论。我们绝不能以为这样找到的意义会符合梦者的主观期待，因为意义的提取和主观期待完全是两回事；相反，如果主观期待得到满足了，那我们就有理由产生怀疑，因为无意识往往是出人意料的“另类”。含义与意识观念重合的梦是很罕见的。[2]

荣格认为，从单个的梦很难推断整个心理状况，最多只能推断一时的急迫问题或者其中的一部分。只有通过观察、跟踪、解释一个相对较长的梦的系列，我们才能完全了解造成障碍的原因及障碍的发展历程。

1 荣格：《童梦讲座》1938/1939（自印本）。

2 举例说明梦的补偿功能。有人梦见春天来了，但是他心爱的树却没有开花，只有枯枝败叶。这个梦是想告诉他，你在这棵树中看见你自己了吗？虽然你不肯正视，但你自己就是这样的！你青春不再，你的天然本能已经枯萎了。做这种梦的人往往由于片面强化意识而使意识分量过重。一个完全受制于本能冲动的无意识的人做的梦，同样也会显示他的“另一面”。一个放荡浪子往往会梦见道德说教的内容，而一个一本正经的人却往往会梦见不道德的内容。

可以说，系列取代了弗洛伊德式的分析试图通过“自由联想”予以揭示的那种关联。所以在荣格看来，一方面由于医生的督促和引导，另一方面无意识现象在梦中串成系列，由此产生的“定向联想”，可以有助于澄清和调整心理过程。

梦的补偿作用

一般说来，无意识状态对本人的意识状态有补充或补偿的作用。“意识倾向越是片面，越是远离生活的最佳选择，就越容易产生与意识倾向形成强烈对比，并对其进行有目的补偿的生动的梦，这是个体心理的自我调节功能”[1]，当然，补偿的特性与每个人的整体性格密切相关。“只有了解了意识状态，才能知道无意识内容带着什么符号。……意识与梦之间有着极其微妙的关系。……从这个意义上说，我们可以把补偿原理称作心理行为的一条基本准则。”[2]

一个正常人在正常的内外条件下，他的梦通常可以对意识起到补偿作用，除此之外，梦的内容还有还原和预期的功能，要么通过消极补偿，“将个人贬得一钱不值，还原其生理的、历史的以及种系发育的局限性”[3]（弗洛伊德最重视并且研究得最详尽的正是这种材料），要么通过积极补偿，以自身为“榜样”，为自我贬损的意识倾向提供一个“改良”的方向，这两种方式可能都有“疗效”。梦的预期功能和补偿功能是有区别的。后者意味着无意识与意识是相对的，无意识将受到压抑、受到忽视，以及臻于完善所欠缺的一切元素都合并到意识中。“补偿功能用于心理机

1　荣格：《梦心理学通论》（1928），《荣格全集》第 8 卷，§488。

2　荣格：《梦的分析的实际应用》（1934），《荣格全集》第 16 卷，§§334、330。

3　荣格：《梦心理学通论》（1928），《荣格全集》第 8 卷，§497。

制的自我调节，而预期功能则不然，那是无意识对未来意识成果的预期，好比是一种预备性练习，或是预先拟定的计划”[1]。

纵观荣格对梦的理解，他考虑了当下的意识状态，引入了关联与位值的概念，加之梦中情节不受时间和空间的约束，所以荣格在解梦时对因果论的使用非常有限，这也是他和弗洛伊德不同的地方。“问题并不在于否认梦的‘原因’，而在于对与梦相关的材料作出另一种解释”[2]，正如我们后面将要看到的，也在于用另一种方式获致这些材料的含义。荣格并不急于寻找动力因，他甚至认为，“梦往往是预见性的，如果纯粹从因果论的角度加以观察，就会完全失去其真正的意义。这种预见性的梦，往往能提供关于分析治疗状况的明确信息，对于治疗而言，正确认识这些信息是至关重要的”[3]。尤其值得重视的是那些发生在分析治疗最初阶段的梦，每一个梦都是信息机构兼监督机构。[4]

92

梦作为“儿童王国”

分析之路通向“儿童王国”，也就是通向那个理性的当前意识尚未与历史心灵即集体无意识分离的年代，不仅通向童年情结的发源地，而且通向我们所有人的发源地，即史前时代。个体脱离“儿童王国”是不可避免的，尽管这会使得个体远离那种蒙昧的原始心理，从而损失部分天真的本能。“其后果是人没有了本能，迷失在人类普遍的情境之中。这种分离也会使得‘儿童王国’始终停滞在低幼的水准，成为幼

1 荣格：《梦心理学通论》（1928），《荣格全集》第8卷，§§492—493。

2 同上，§462。

3 荣格：《梦的分析的实际应用》（1934），《荣格全集》第16卷，§312。

4 同上，§332。

稚倾向和冲动的永久源泉。当然，意识是非常不欢迎这些不速之客的，所以对它们加以压抑，而这种压抑只能加大最初的距离，于是缺乏本能升级成了毫无情感。意识要么被幼稚的思想行为所淹没，要么为了抵制幼稚而不断挣扎，却是徒劳无功。过于理智的意识态度虽能带来有目共睹的成功，但它却不适宜于生活。生活枯燥乏味，渴求甘泉，而甘泉只有在‘儿童王国’中才能找到，在那儿我们可以像早年那样接收来自无意识的指令。幼稚的并不只有那些长长远远停留在孩提时代的人，那些脱离了童年就相信童年已经一去不复返的人同样是幼稚的，因为他们不知道所有心理现象都有两副面孔，一副向前看，另一副回顾来路，这种双面性含义丰富，因而也是象征性的，就像所有活生生的现实。……我们站在意识的巅峰，天真地以为后面的路会超越巅峰通向更高处，这是妄想攀附彩虹，[1]但事实上，要想登上下一个巅峰，我们必须下山回到岔路口。”[2]“意识对无意识的低估和抵制是历史发展的必然，否则意识永远不能与无意识拉开距离。”[3]只是现代人的意识已经过于远离自己的根源，远离无意识，甚至忘了无意识是独立作用的，根本不受意识意图的支配。所以文明人一旦接近无意识就会惊慌失措，因为这和精神错乱差不多。“如果把无意识当作一种被动的对象加以‘研究’，那我们不必担心这会不利于我们的智力，相反，这种工作正符合我们的理性期待；但是如果把无意识当作一种现实加以‘体验’，听凭其‘发生’，那就是普通欧洲人的勇气和能力所不能及的了，他们宁可对此一窍不通，因为无意识体验是一种个人隐私，很难与人分享，或者说可与之分享的人微乎其微。”[4]

由于现代人过于重视心理中有意识的一面，势必造成无意识的一面

---

1 参见下文第 95 页注释 1。

2 荣格：《个性化过程中的梦境象征》（1936），《荣格全集》第 12 卷，§§ 74—75。

3 同上，§ 60。

4 同上，§§ 60—61。

受到压抑和封锁，致使无意识几近泛滥，这使得接近无意识的问题成为现代西方社会特有的问题，这不仅是个人的，而且也是国家民族的重大问题。在意识与无意识之间建立联系，东方人的做法就与我们大不一样，非洲人可能也是。

在荣格看来，处理集体无意识的材料之前，必须先意识化和整合幼稚的内容："个人无意识必须先行解决，也就是说要将其意识化"[1]，否则通往集体无意识的道路就会被阻断。这意味着，所有的冲突都要首先从个人的角度加以考虑，从自己身上寻根究底，首先把重点放在私人生活以及后天获得的心理内容上，而后才能开始思考生而为人谁都无法回避的问题。这条激活原型，在意识和无意识之间实现统一和平衡的道路就是"治疗"之路；从技术的角度看，就是解梦之路。

解析的步骤

综上所述，梦的解析可以分为以下几个步骤：描述当前的意识状态；描述此前发生的事件；建立主体关联；如果梦中出现远古母题，那就要搜罗类似的神话情节；最后，如果情况很复杂，还要收集来自第三方的客观信息。此外，无意识内容意识化要经过以下七个步骤：第一，降低意识阈限，使得无意识内容可以上升；[2]第二，无意识内容升入梦、幻象和幻想；第三，意识感知并抓住这些内容；第四，对这些内容的意义逐个进行研究、阐释、分析、理解；第五，将这些意义嵌入个体的整个心理系统中；第六，个体处理、归并和吸收这些意义；第七，整合"意义"，

1 荣格：《个性化过程中的梦境象征》（1936），《荣格全集》第12卷，§81。

2 有些人要做到这一点特别困难，甚至为此失眠，他们会因为害怕而无意识地抗拒无意识内容的上升。

使其成为心理的有机组成部分，简直“融入了血液”，变成一种本能担保的知识。

梦的结构

荣格发现，大多数梦结构都很相似。他对梦的构造的理解与弗洛伊德完全不同，他把大部分梦视为一种“整体”，具有完整的情节，其结构与戏剧相似，所以可以按照古典戏剧的模式编排梦的元素。按照这个模式可以把一个梦划分为以下几个部分：一是地点、时间、剧中人物，梦的开头往往交代了梦中情节发生的地点和梦中的人物；二是引子，突出梦中问题，展示梦的基础内容，无意识通过梦提出问题和主题，并在梦中表明自己的态度；三是转折，这是每一个梦的“脊柱”，情节在此纠缠成一个结，达到高潮，或者转变成灾难；四是化解，也就是解决，是梦的结局，意味深长的结尾，补偿性的指示。大多数梦的结构都大致遵循这个模式，该模式为梦的解析提供了一个合适的基础。[1] 如果梦中问题没有得到化解，那说明梦者的生活很不如意。但这是很特别的梦，另外有些梦，因为梦者记忆不全或复述不全，所以没有化解的结局，这与前者不是一回事。当然，我们不太可能一眼就识别梦的每一个部分，需要经过认真仔细深入的研究，梦的结构才能完全展现在我们眼前。

---

1 《童梦讲座》（1938/1939，自印本）中以一个 6 岁女孩的梦为例：“这个小女孩梦见一条美丽的彩虹在面前升起，她爬上彩虹，越爬越高，直至登天，她从天上呼唤她的朋友玛丽埃塔也爬上去，但是在玛丽埃塔犹豫徘徊的时候，彩虹消失了，小女孩跌落尘埃。”——地点是一个自然事件发生的地方：这个小女孩梦见一条美丽的彩虹在面前升起；引子也指向这个自然事件：小女孩爬上彩虹，直至登天；于是纠结转折发生了：她叫朋友也爬上去，但是朋友犹豫不定；最后是化解：彩虹消失了，小女孩跌落尘埃。

条 件 论

荣格在梦的解释中引入了**条件论**[1]的概念和方法，也就是说，“在这样或那样的条件下，可能产生这样或那样的梦”[2]。起决定作用的始终是各人的处境以及此时此刻的条件。同样的问题、同样的原因，如果整体关联不同，就会呈现出不同的意义。按照条件论的观点，问题和原因可以有多种意义，不会无视具体情境和表现形式的不同，永远只有一种解释。

条件论是因果论的拓展形式，是对因果关系的扩充注释，它试图“以各种条件的交互作用使严格的因果论得到松缓，以整体作用的多重性使单一确凿的因果关系得到扩充，但是普遍意义上的因果论并不会因此废弃，只是对各种错综复杂的活生生的材料更为适应了”[3]，也就是说，因果论得到了拓展和补充。所以，在一个特定的梦中，母题到底有什么含义，不能仅从因果关系中寻求解释，而要同时考虑该母题在梦的整个关联中的“位值”。

96

1 “条件论”是哥廷根生理学家和哲学家马克斯·费尔沃恩（1863—1921）提出的概念，他是这样定义这个概念的：“一种状态或过程是由其全部的条件决定的，由此可见：第一，相同的状态或过程就是条件相同的表现，不同的条件表现为不同的状态或过程。第二，一种状态或过程对应于全部的条件，所以，只有确定了全部的条件之后，才能科学地、彻底地认识一种状态或过程。”（费尔沃恩：《因果论和条件论的世界观》第三版，1928 年）

2 荣格著，洛伦茨·荣格和玛丽亚·迈耶尔格拉斯编辑整理：《童梦》1938/1939，第 17 页。

3 同上。

放大法

荣格不使用"自由联想"，而使用一种他称为"放大"的方法。他认为，自由联想虽然"总能抵达一种情结，但无法确定是不是这种情结决定了梦的意义。……当然，我们总能通过某种方式抵达我们的情结，因为情结具有吸引一切的魅力"[1]。也许梦显示的正是与情结相反的内容，这一方面是强调了让人摆脱情结的自然功能，另一方面也指明了该走的道路。放大法与弗洛伊德的"三段论"方法不同，它不是回溯性的、由因果关系衔接起来的、毫无漏洞的一系列联想，而是用所有可能的类似意象扩充和丰富梦的内容。放大法与自由联想的另一个不同之处在于，在放大法中，不仅患者即梦者要努力联想，而且分析师也要帮忙，贡献自己的联想，有时甚至是分析师贡献的类似意象决定了患者联想的方向。不论意象和类比多么丰富，都必须与有待解释的梦的内容有或多或少、或远或近的有效关系，而对于自由联想，我们无法为之设定不能逾越的边界，也无法设定其偏离梦的内容的最大距离。

对于梦的所有元素都必须使用放大法，这样才能形成一个整体意象，并从中读取"意义"。荣格的放大法是用意义相关的意象、象征、传说、神话等材料逐个充实梦中母题，充分细致地展现它们方方面面的所有含义，直至清晰的解释渐渐明朗。经过如此处理之后，每个意义元素又与邻近的意义元素相互结合，形成一条完整的梦中母题之链，最后甚至能因彼此之间的协调统一而获得验证。示意图 15 就展现了这样一种释梦的方法：

1　荣格著，洛伦茨·荣格和玛丽亚·迈耶尔格拉斯编辑整理：《童梦》1938/1939，第 36 页。

示意图 15

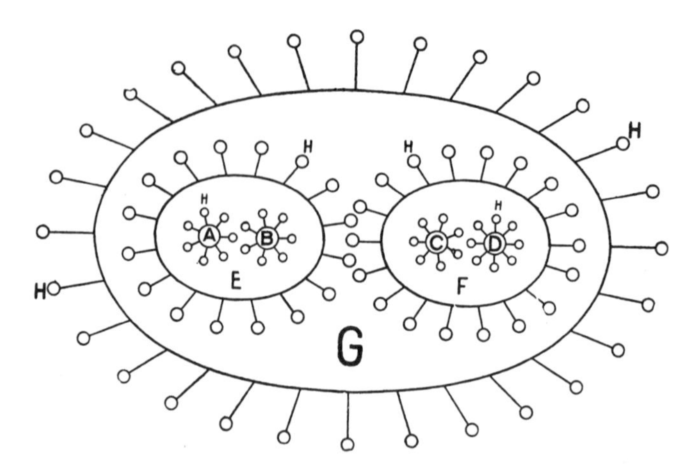

A、B、C、D= 单个的梦中母题

E、F= 两个意义元素（梦中母题）结合成一个新的整体，比如 A= 兽角，B= 动物，那么 E= 有角的动物

G= 整个梦的统一意义，比如与一个神话母题相仿

H= 单个的类比材料

在放大法中，类比材料取舍的决定性标准不是科学的验证或时间上的巧合，而是核心意义的一致。人类不论何时用图画或文字所表达的一切，不论那是灵感闪现，还是长期流传的结果，抑或是科学研究得出的结论，都有心理事实做背景，所以，任何类比材料只要含有有待澄清的梦中母题的原型成分，都能提供精准的说明和解释，对释梦大有帮助。这种形式的放大是一种新的科学方法，用以研究基本心理结构、神话元素和所有的心理产物，可以获得丰硕的成果。

所以，放大法是一种受限的、定向的联想活动。这种联想要一而再、再而三地回归梦的核心意义，仿佛是围追堵截，发其深意。“对于黑暗的体验，过于粗略隐晦的提示，必须在心理环境中得到充实和扩展，才能为人所理解，放大法就适用于这种情况。所以在分析心理学中，我们将放大法用于释梦，因为梦中粗略隐晦的提示往往让人无法理解，必须用联想的类比材料加以扩充和强化，才能变得明白易懂。”[1]

还原解析法

示意图 16 和示意图 17 以极其简略的线条，形象地展示了放大法与“三段论”方法的相互对比。作为出发点，我们假设梦中有 A、B、C、D 四个元素，放大法用一切可能的类比材料将这四种元素四面八方结合在一起，直至达到最大规模，最大程度地发掘出可识别的本质意义，比如对于梦中出现的真实父亲的形象，放大法可以加以补充、扩展和丰富，直至形成一切“父性”的“理念”。而还原法的理解是，梦的单个元素都是别的内容“歪曲”了的结果，所以它主张用自由联想引导这四种元素原路返回，直至在因果联系的强制之下，这四种元素最终回归一个 X 点，它们就是从那儿出来的，它们的任务就是“歪曲”和“掩盖”这个 X 点。所以，放大法是看四种元素当下对于梦者具有什么样的意义，发掘出一切可能的解释；而还原法只是将这四种元素归入一个情结。弗洛伊德用还原法提出的问题是“为什么”“从哪儿来”。而荣格解梦时提出的问题是“为了什么目的”，无意识到底有什么想法，它想对梦者说什么，为什么它给予梦者的偏偏是这个梦，而不是别的梦。比如一个知识分子梦见自己从一条大大的彩虹下穿过，令他惊奇的是，他不是从彩虹上面走过，而是从下面穿过。这个梦旨在说明，此人想脱离现实解决问题，但这个梦向他指出了该走的道路，告诉他不该走在彩虹上面，而应该从下

100

1　荣格：《炼金术中的解脱观》（1937），《荣格全集》第 12 卷，§403。

示意图 16

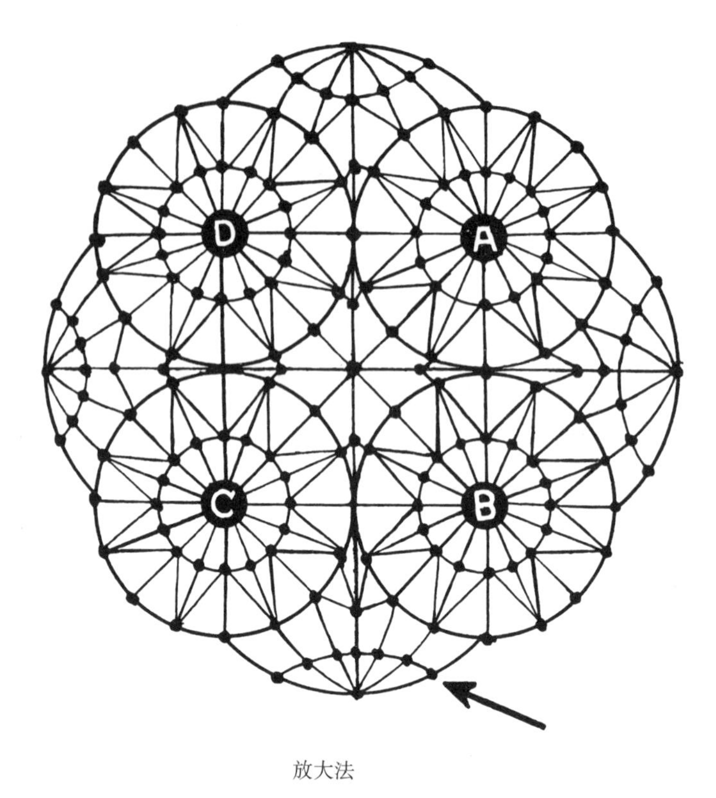

放大法

A、B、C、D= 梦的元素

箭头所指的节点是单个的类比材料或单项的放大

面穿过。[1] 有些知识分子自认为能够克服自己的天生本能，能对自己的生活“不予理睬”或“掌控自如”，以学识驯服生活，对于这些人，这样的梦是个必要的提醒，能让梦者睁开眼睛正视自己的现实处境。

1 参见第 95 页注释 1。

示意图 17

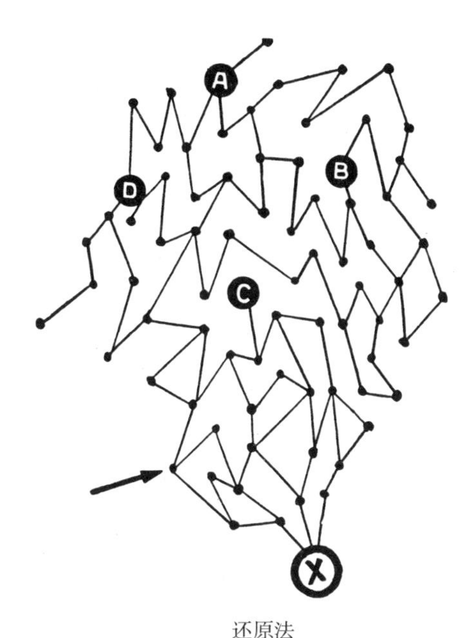

还原法

A、B、C、D= 梦的元素

X= 本来的形象

箭头所指的节点代表单项的联想

梦的动态趋势

只有使用上述精确的解梦方法，才能揭示梦的有效意义及其中所有的细节。虽然这里所说不多，但已经可以看出，梦有着特定的“目的”，即展现梦者没有觉察到或不愿意觉察到的事实。[1] 当然，这种梦解释起来相对比较容易，因为它们是“譬喻”，其中所包含的警告是无意识动

1 我们当然不能把“有意识的目的”强加给梦，说无意识和梦“认为”什么或以什么为“目标”，而只是说明心理的自我调节功能也能调节无意识的显现。

态趋势的表现，这种趋势是隐藏在梦的表面内容背后的有效力量。这种力量推动新的内容上升到意识中，如果这些新内容能够被人格同化，那么就能反作用于无意识的力场，使之发生改变。这个动态过程在单个的梦中是看不见的，但是在梦的系列中很容易跟踪，这也保证了在“面谈”分析间隔期间进程不会中断，不会受损，即使面谈间隔时间很长，分析也可以进行下去。由于这种动态趋势的目的和方向，是由心理与生俱来的自我调节倾向决定的，如果对梦的解释有误，这种趋势能保证早晚会出现新的梦，以纠正先前的解释错误，将分析重新引入正确的轨道。

101 根据前面提到的能量守恒定律，心理不会丢失什么，所有的元素彼此交换能量，所以一切都处于一个特定的不断发展着的整体之中。“无意识始终在活动，将其中的材料加以组合，为未来做好准备。它产生的是阈下的预期性的组合，就像我们的意识一样，只是论起细致程度和规模大小，无意识组合远胜于意识组合。如果一个人能够经得住诱惑，那么无意识会成为他的唯一领导。”[1] 我们从梦中不仅可以看出梦者当下的处境，而且也可以看出分析过程的前景以及可能出现的停滞。如果不对梦者及其环境做进一步的了解，光看梦本身是很难看出什么门道来的。但是对于梦者而言，梦中包含和揭示了他的问题，他可以理解并处理自己的梦，之后梦就可以起作用了，甚至能让梦者获得解脱。“纸上谈兵的解梦看上去也许有些过于随意、模糊、矫揉造作，但是在实践中，解梦是一出小戏，具有无与伦比的现实性。”[2]

---

1 荣格：《无意识心理学》（1943），《荣格全集》第7卷，§197。

2 同上，§199。

个体意义与集体意义

主观放大产生个体的**主观梦义**，所谓主观放大，就是询问梦者每一个梦中元素对于他**个人**意义何在，而**集体意义**是由客观放大产生的，也就是用童话、神话等普遍的象征材料使单个的梦中元素丰满起来，这些象征材料能够揭示个人问题中属于人类普遍所有的成分。

如果梦中意象细致而精准，这样的梦属于个人无意识，很可能展现的是梦者个人的困境，它反映了梦者清醒时的意识分化状况，梦将无意识中轮廓清晰的意象作为被压抑的“另一面”的内容输入到意识中；而那些意象简略、缺乏细节的梦，则是着眼于大范围的普遍问题，展示的是永恒的自然规律和真相，从这样的梦可以看出，梦者的意识过度分化，甚至与无意识几近决裂，已经完全独立了，而梦将集体无意识中大量的原型意象提升出来，作为意识的补偿，与意识对峙。

102

梦不受意识影响，“不是按照我自己的推测，也不是按照我自己的好恶，而是按其本来面目”[1]展现内心的真实和现实。所以荣格认为，梦所显现的内容不是门脸，而是一种事实，它说出了无意识对当下处境的看法。比如说有人梦见一条蛇，重要的是梦见的是蛇，而不是一头公牛或别的什么东西。无意识之所以选择蛇，是因为蛇的寓意特别丰富，对于梦者而言，蛇有其特别之处，正好能够表现无意识想表现的东西。要探究蛇对于梦者的意义，途径不是自由联想，而是放大，也就是用一切相关的材料，比如说有蛇作为象征，又非常切合梦者主观状况的神话，对蛇的象征加以补充。正因为我们不是像弗洛伊德那样把蛇视为“掩体”，

1　荣格：《梦的分析的实际应用》（1934），《荣格全集》第 16 卷，§ 304。

而是要探究蛇当下对于梦者的真实意义，所以如果我们想揭示隐藏的梦义，就不要去管蛇掩盖了什么。相反，我们要考虑和研究的是它所处的环境和整个关联，就像颜色的表现价值取决于它在整幅画中的位置，一块灰斑表现的是阴影还是反射光，是污渍还是一绺头发，取决于整幅画的色彩和形式，要看这块灰斑周围的情形才能确定。同样，梦中的象征只有置身于环境和关联之中才能显现其地位和寓意。从经验看，梦的内容是补偿意识态度的，如果我们再将梦者特有的心理结构、他的整个处境，以及意识态度纳入考虑的范围，那么自然就能得出象征形象在主观方面的真实意义。

不考虑个人的联想和关联，梦的元素只能在有限的程度上得到解释，也就是只有当梦的元素具有集体性质，表现人类的普遍问题时，才能从这个角度得到解释。换句话说，对于所有带有原型性质的母题，我们都可以通过这种方式加以研究和解释，但**仅限于**这种性质的母题。所以如果有人以为仅凭一个光秃秃的梦，没有了解到任何个人的关联材料，就能对梦者的生活说出什么子丑寅卯来，那是很荒唐的。在这种情况下，我们只能揭示梦的原型意义，而梦对于梦者个人所具有的一切现实意义，我们都无从查考。原型是本能的映象，如荣格所说，是“内心的器官”，是自然的意象，原型本身不包含任何解释，为了形成正确的解释，抵制错误的解释，我们需要一个“出发点”，这个出发点就是具体的人。毋庸赘言，如果一个孩子和一个 50 岁的人梦见相同的母题，其寓意是大不相同的。

103

解释层面

荣格将梦的解释区分为两种形式或者说两个层面：**主观层面**和**客观层面**。主观层面的解释将梦中形象和梦中情节都视为**象征性**的，是**梦者**

心理内部状态和因素的映象。此时梦中的人物表现的是梦者的心理倾向和功能，而梦中情境表现的是梦者对自己以及自己已知的心理现实的态度，按照这样的理解，梦指向内心的现实。客观层面的解释对梦中形象的理解是具体的，而非象征性的，梦中的形象表现梦者对与自己有关的外界现实或人物的看法，它想说明我们的意识只看见一面的人与事，从另一面看是什么样子的，或者展示我们至今尚未觉察的东西。如果一个人平时觉得自己的父亲高尚而善良，而梦中的父亲却是糊涂、粗暴、自私、无法无天，那么主观层面的解释是，梦者自己心理内部隐藏着这些特性，自己却没有意识到，甚至还赋予其违背事实的解释；而客观层面的解释是，这个梦表现了真实的父亲，展现了父亲身上还不为梦者所知的真实的一面。

104

如果梦中出现了与梦者关系非常密切的人物，那么除了可能可以从主观层面将他们解释为梦者心理内部部分特性的人格化，还必须从客观层面加以解释。从主观层面进行解释时，我们必须把梦的内容视为主观意象的表现，是患者自身无意识情结的投射。如果一位女患者梦见一个特定的形象，比如梦见一位男性朋友，那么我们可以将他理解为她的男性心象，她自己并没有意识到这个心象存在于她的无意识中，却将它投射给了一个人物形象。这个梦中形象的意义在于，能让这位女患者意识到自己身上男性的一面，意识到自己身上存在着她迄今为止一直视而不见的某些特性。对于那些认为自己非常多愁善感、温柔善良的人，这是非常重要的，比如那些扭捏造作的典型的老处女。

“一切无意识的东西都会被投射，也就是说，它们会表现为客体的特性或行为。只有通过自我认识，主体才能整合有关的内容，将其从客体身上剥离，并将其视为心理现象。”[1]

1　托妮·伍尔夫：《荣格心理学研究》，第 99 页。

投 射

投射现象是无意识机制的一部分，可以用于整合。因为每个人的心理都包含无意识，无意识的规模或大或小，范围或宽或窄，所以每个人的心理生活都难以避免一定程度的投射。不论是个体还是集体，不论是在梦中，还是在清醒状态下，也不论针对的是人物、事物还是状态，投射都完全不受意识意志的控制。“投射不是做出来的，而是自己发生

105 的！”[1]荣格将投射定义为“将主体过程搬迁到客体身上”[2]，与内投正相反，内投是“将客体纳入主体”。比如德国浪漫派对待世界的心理态度，我们称之为内投就很恰当，虽然他们完全能意识到外界的现实，但是对他们而言，外部世界太丑陋，太不如意，所以他们努力逃避现实，追求他们自己幻想中的世外桃源，他们也幻想改变现实世界，使之适应自己的主观性情。荣格说：“浪漫派完全知道现实是什么样子，但是他们把现实纳入了奇幻之境，这就是内投。”[3]不用说我们也知道，过于重视主观感受会造成内心意象过于泛滥，时刻有吞噬意识自我的危险。

“主客体不分”是一种状态，原始民族至今还生活在这种状态中，儿童也一样。那些幼稚的人，比如原始人和儿童，他们的个体心理内容和集体心理内容尚未分开，彼此尚无对比，还处于一种“神秘参与”之中。“他们不是把神灵、魔鬼等等的投射理解为一种心理功能，而是不假思索地视其为现实存在，从来没有认识到神魔的投射性质，直至启蒙运动时期，人们才发现神是不存在的，那只是投射而已，于是神就完蛋了，

1 荣格：《炼金术中的解脱观》（1937），《荣格全集》第 12 卷，§346。

2 参见荣格：《心理类型》，《荣格全集》第 6 卷，§751。

3 荣格著，洛伦茨·荣格和玛丽亚·迈耶尔格拉斯编辑整理：《童梦》1938/1939，第 135 页。

但是与神相关的心理功能并没有完蛋，它落入无意识，以之前用于神像崇拜的过量力比多毒害人类。”[1]

如果意识的装配不够牢固，或者说人格的核心不够坚强，不足以接受、理解和处理无意识内容及其投射，那么不断上涨的活跃的无意识材料就会湮没甚至吞没意识。心理内容不仅带上了现实性质，而且过度反映冲突，或者将其尖锐化，像神话中的冲突，或者将其野蛮化，像远古时代原始人的冲突，这就为精神疾患打通了道路。所以，主观层面的解释是荣格解梦方法中最重要的“工具”之一。通过这样的解释，我们可以把个人的困境以及与外界的冲突理解为自己内心活动的镜像和写照，从而可以在自己的心理范围内收回投射，解决问题。只要想想如果大家都无休止地将自己的性格和情结投射给别人、外人，这个世界会变成什么样，我们就能正确估量荣格这种认识方法的重大意义。 106

象 征

从前面所说的可以看出，在荣格的解梦理论中，那种被大家普遍称为象征[2]的心理现象是极其重要的。荣格将象征也称为“力比多的化身”，因为象征转化能量，荣格将象征理解为适合于等值表现力比多的观念，它可以将力比多疏导到与初始状态不同的另一种形式中。[3]以梦及其他形式表现出来的心理意象，反映了心理能量的本质和形态，正如瀑布不折不扣地表现了能量的本质和形态一样，没有能量，即没有物理力（但

1 荣格：《无意识心理学》（1943），《荣格全集》第7卷，§150。

2 本书作者约兰德·雅各比在其所著的《荣格心理学中的情结、原型、象征》一书中，对象征的定义和性质做了详细深入的论述。

3 荣格：《论心理能量》（1928），《荣格全集》第8卷，§92。

我们只能将其理解为一种假设），就没有瀑布；能量造就了瀑布，而同时瀑布又以其存在表现了能量的形态。如果没有瀑布，我们根本不可能观察和确定能量。这听上去可能是矛盾的，但矛盾正是一切心理现象最深层的本质所在。

象征既有表现力，又有改造力：一方面，它能形象地表现内心活动；另一方面，当它变成意象，“化身为”图像材料之后，又能以自己的含义给心理活动打上烙印，从而推动心理过程的流动。比如说，干枯的生命之树，象征着过于学究气的生活损害了人的天然本能，[1] 这个象征一方面形象地表现了这个意义，并将其展示在梦者眼前；另一方面通过这种展示，对梦者施加深刻的印象和影响，为他的心理活动确定方向。象征是心理活动真正的能量转化器。

107 在分析过程中我们经常会发现，各个意象母题相辅相成。一开始这些母题还穿着个人经验材料的外衣，带有儿时记忆或其他记忆的特征，比如对最近发生的事的记忆。分析越深入，原型的作用就越明显，象征也就越能独自掌控全局，因为象征中有一个原型，一个抽象而带有能量负荷的意义核心。就像我们从画板上揭画，第一张画格外清晰，最琐碎的细枝末节都能看得很清楚，画的意义也很明确；后面的画细节越来越少，意义越来越不明确；直至最后依稀可辨的画，轮廓和细节已经完全模糊了，只能看见一个基本形式，但就是这个基本形式集所有的可能于一身。比如在“女性”的原型系列中，首先出现的是真实母亲的梦中形象，所有的特征清晰可见，其意义严格局限于日常生活的范围内；这个意义拓宽、深化之后，形成所有作为异性伴侣的各式各样女人的象征；从更深的层面上升的意象带有神话的性质，那是仙女或巫婆；直至到达最底层的人类共有的集体的经验材料，那儿出现的是黑洞、阴间、大海，其最终的意义扩展为上帝所造生灵的一半、混乱、黑暗、受体。无意识中

1 参见第 90 页注释 2 的梦例。

彩图1：心理的象征表达

彩图2：激情之蛇

彩图3：助人为乐的阴影形象

彩图4：阿尼姆斯表现为雄鹰

彩图5：智慧老人

彩图6：大母神

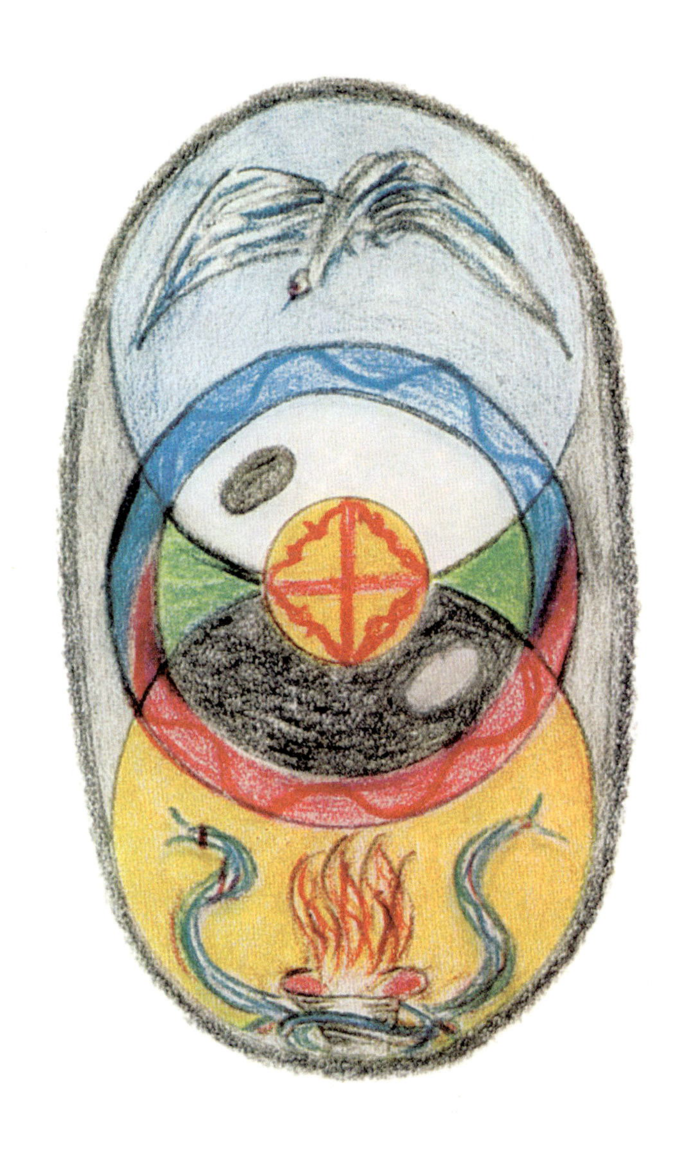

彩图7：心理整体

彩图8：佛教曼荼罗

彩图9：18世纪的玫瑰十字架曼荼罗

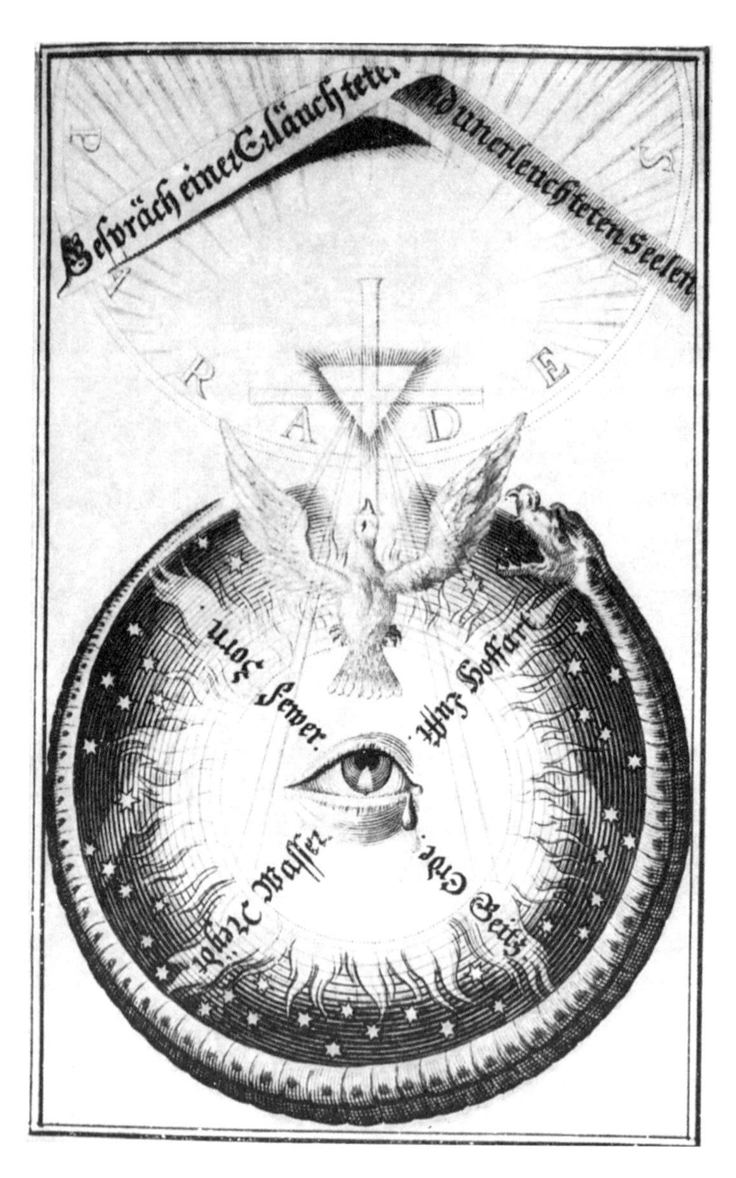

彩图10：雅各布·伯麦[1]画的基督教曼荼罗

1 Jakob Böhme（1575—1624），德意志哲学家、神学家、神秘主义者。他的神秘主义哲学主要讨论上帝与宇宙的关系，以及恶在宇宙创造中的作用。他认为事物均处于对立面的统一中，任何事物只有通过其对立面才能得到理解。万物源自上帝，上帝是一切对立物的根源，他以这种神秘主义观点解释创造世界、三位一体、罪恶、拯救等神学理论。伯麦生前多次被路德宗教会判为异端，禁其写作，他的思想对斯宾诺莎、谢林、黑格尔有一定的影响。——译注

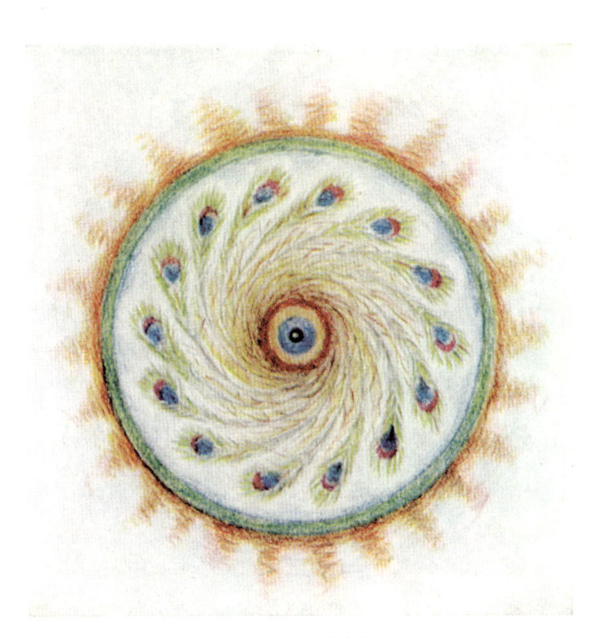

彩图11：孔雀轮

彩图12：四臂太阳神

彩图13：荣格收藏的曼荼罗

彩图14：上帝之眼

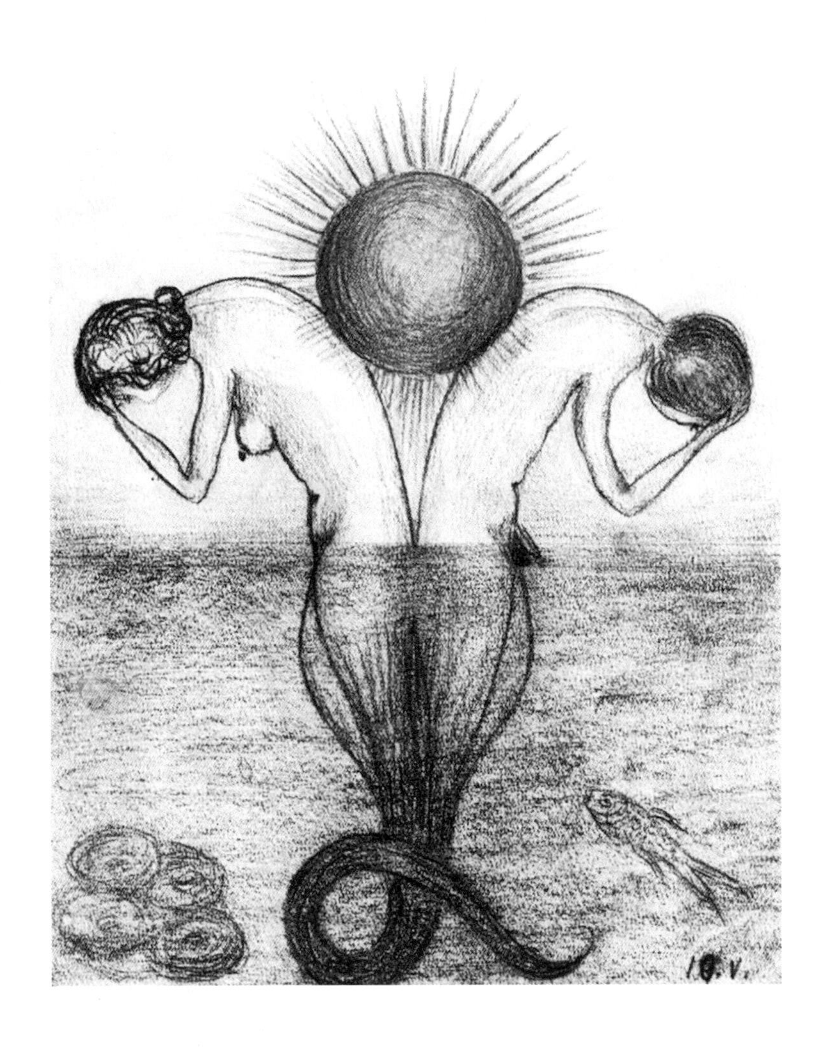

彩图15：错误的合体

彩图16：正确的合体

彩图17：结合

彩图18：出生

彩图19：永恒的面目

的这些象征，不论出现在梦中，还是出现在幻象或幻想中，就像在讲述一个“个人神话”，而在典型的神话、传说、童话中可以找到与“个人神话”最为类似的材料。[1]“所以我们可以认为，象征是人类心理集体的（非个人的）结构元素，而且像人类身体形态的元素一样，象征是可以遗传的。”[2]

“象征从来不是有**意识地编造**出来的，而是无意识在觉悟或直觉的过程中产生的。”[3]象征可以表达各种不同的内容，不论是自然过程还是心理过程，都可以用象征的形式表现出来。比如日出日落，对原始人来说，这是外界的具体的自然事件，而对于对心理学有所认识的现代人来说，这可以体现人的内心世界同样有规律的活动。又比如“重生”的象征，不论以何种形式出现，是原始人的入会仪式，还是基督教早期的洗礼，或者是现代人的梦中意象，表现的总是精神转变的原始理念，只是完成“重生”的途径各有不同，这取决于历史的和个人的意识状态。所以，如果我们想正确评估每一个象征在每一种具体情况中真正的意义，就必须从集体和个体的两个方面对每一个象征作出判断和解释。“神话意象从来不是孤立的，它产生之初既有其客观环境，也有其主观环境，既与创造的产物有关，又与创造者有关。”[4]个人关联和个体心理要素，总是对象征的解释起着决定性的作用。

108

象征与符号

象征的内容是不能以理性充分表达出来的，它来自于“现实的细致

1　参见示意图 14。

2　荣格：《儿童原型心理学》（1940），《荣格全集》第 9 卷 /I，§262。

3　荣格：《论心理能量》（1928），《荣格全集》第 8 卷，§92。

4　卡尔·凯雷尼：《神话本质入门》，阿姆斯特丹，1941 年，第 12 页。

微妙之处，这种细致微妙只有通过象征才能得到充分的表达”[1]。比喻是一种符号，是已知内容的同义表达；而象征总是包含着某些用理性的工具，即语言无法表达的东西。弗洛伊德错误地将“那些让人能够料想到无意识背景的意识内容”称为象征，在他的学说中，象征“只扮演着兆示无意识背景过程的符号或迹象的角色”[2]。而当柏拉图“用洞穴的譬喻表现整个认识论的问题时，或当基督用各种譬喻表达天国的概念时，那才是真正的象征；也就是说，象征试图表达的是没有任何语言可以说得清楚的东西”[3]。“象征”一词翻译成德语是 **Sinnbild**，意为**有意义的意象**，这个复合词的组合很好地说明了象征的内容来自于并属于两个领域，意义属于意识，在理性领域中，意象属于无意识。在非理性领域中，通过这个特性，象征可以将整个心理的全部过程展示得非常到位，对于最矛盾、最复杂的心理现实，象征既能加以表现，又能施加影响。荣格说，109 “某物是否作为象征，首先取决于观察者的意识态度”[4]，也就是说，要看观察者是否有这个能力或有这个内在禀赋，面对一棵树，他看见的不仅仅是树的具体形态，而且还能把它看成生命的象征，看出它象征着某些未知的东西。同样的事物，很可能一个人视之为象征，而另一个人看它只是符号。但是荣格认为，有些东西每个人都会不由自主地直接将其理解为象征，比如封闭三角形里的眼睛。当然，一般说来，一个人是优先注意具体事实，还是优先考虑其象征意义，是由这个人的类型决定的。

象征不是譬喻，不是符号，而是某种内容的意象，这种内容大都是超越意识的。如果隐藏在象征中的意义已经完全大白于天下，我们依靠理性就可以完全理解，那么象征就可能“退化”成符号，变成“死象征”，因为一个真正的象征永远不能得到彻底透彻的解释，其中理性的部分我

1 荣格：《炼金术中的解脱观》(1937)，《荣格全集》第12卷，§400。
2 荣格：《论分析心理学与文学作品的关系》(1922)，《荣格全集》第15卷，§105。
3 同上。
4 荣格：《心理类型》，《荣格全集》第6卷，§823。

们可以交给意识，而非理性的部分我们只能“意会”。所以象征涉及的总是整个心理，包括心理中有意识的部分和无意识的部分，以及所有的心理功能，所以荣格那么重视“内心意象”，他要求他的患者不仅要用口头或书面的语言把它们记录下来，而且要复制它们的原始形式，不仅意象的内容，而且颜色及其布局都有着特别的个人意义。[1] 只有这样，意象对患者的意义才能得到正确的评估，意象的形式和内容才能作为最有效的因素作用于心理的意识提升过程。

图解象征

110

以彩图 1 为例，这是心理的一个“内视”象征图，图中的心理被四种心理功能绷紧，努力提升意识，但还是被蛇圈永远圈禁，而蛇正是原始本能的象征。光晕的四种颜色——蓝、黄、红、绿——分别象征四种心理功能，四个燃烧的火炬象征意识提升的努力。这幅图画以及后面的图画“解释”起来都不能过于较真，所谓解释，只是尝试着用语言大概地表达画图人的思想和情感。所有这些图画都只是象征，而象征的内容永远不可能完全理性化，也不可能用文字不折不扣地表达出来，这是象征内在固有的本质。在复述讨论中可以重现一部分重要内容，但我们只能通过直觉领会这些内容，甚至那些用“文字—图画”创作这些象征的天才艺术家也不例外。这里的解释也只是引领读者进

1　颜色与心理功能之间的对应关系在各个地区的文化中，以及在各种人群中是不同的，甚至可能因人而异。以欧洲人的心理为例，一般说来（有很多例外），晴空万里的蓝色是思维之色；黄色，从深不可测的黑暗中放出光芒又坠入黑暗的太阳的颜色，代表的是直觉功能，也就是那种通过灵光乍现领悟事物的根源和趋势的功能；红色是鲜血和烈火的颜色，对应的是炽热的情感；绿色是人世间随处可见的植物的颜色，代表的是感觉功能。

入在象征中对我们说话的“现实的细致微妙之处”，为读者理解这些象征提供一些帮助。

彩图 2 也显示了强大的表现力。“激情之蛇”象征人的未分化的本能世界，通过压抑，人一直小心地把这条蛇关在匣子里，匣子则在无意识的海洋中漂流。而现在由于某个心理过程的作用，这条蛇钻出了匣子，向上攀爬，口中喷出一束烈焰，头上却有一个兆示拯救的十字符号，这象征了蛇的双面性，**既有**毁灭的力量，**又有**拯救的力量。图中色彩的浓艳和着力说明画的作者在画图时情感之强烈。

这些图画“不同于纯粹的艺术作品，其中重要的不是艺术，而是它们对患者自身产生的强烈效果”[1]，也就是对画的作者（也可能是健康人）产生的效果。所以，这种画艺术价值的好坏、高低是完全无所谓的。一个技艺精湛的画家画这种画，很可能画得笨拙、幼稚、粗糙，表现力远远不及一个从未摸过画笔，但内心意象强烈而活跃的人画的画，后者可以将内心的意象完美地“描摹”下来，[2] 他画的“是有效的幻想，也就是在画的作者内心起作用的东西……此外，图画的物质形式也迫使画的作者反反复复地观察自己画作的所有细节，这也使得这幅画的效果能够得到充分的施展……对患者起作用的是他自己，从前他误解了自己，把自己的个人自我认作了自性，而现在起作用的不是那个他自己，而是全新意义上的他自己，现在他的自我是他内心的有效力量作用的对象”[3]。

111

“光有表达是不够的，我们还必须动用才智和感情理解这些图画，将它们整合到意识中，在理智上加以领悟，在道德上加以接受，然后还必须对它们进行综合解释。这还是一个全新的领域，首先得积累丰富的经验。可这里涉及的是只能间接观察的意识之外的内心生活，我们还不

1　荣格：《心理治疗的目标》（1929），《荣格全集》第 16 卷，§104。
2　这种情况下，画家有意识的创作和他根据无意识意象画出的图画之间的解离关系是一目了然的。
3　荣格：《心理治疗的目标》（1929），《荣格全集》第 16 卷，§106。

知道我们的目光到底能看到多深。"[1] 如果一个内心陷入困顿的人通过这种方式表达自己的心境，或将内心无法言传的意象记录下来，从而获得了解脱，那么他就会知道这能给人以无比的放松。通过这种方式，那些从未摸过画笔的人，在分析过程中变成了表达高手，他们能表达自己心理无法用文字描述的内容，从而得以在一定程度上分享艺术家的激情，真正的艺术家就是从无意识深处将意象打捞起来，然后对它进行有意识的记录和塑造。

这样将象征"固定"下来以后，象征就客体化了，原本无法表达、无法确定的东西因此获得了形式，于是我们就可以探索并理解其真正的含义，并在意识化之后进行整合。经过这样的处理，象征拥有了某种魔力，这也是从前那些符咒、护身符、算命人存在的心理基础，还有很多表现形式不同但实质类似的东西，比如程式、口号、画像等，至今还在对我们"施展魔法"。此外，政治领域和商业竞争中（比如通过所谓的"市场行为研究"对消费者施加影响）使用的各种标志、旗帜、徽章和商标也都属于此类象征，它们的图像和颜色的象征性意义对大众能产生很大的魔力，使大众为之激动兴奋。

112

分析的基本原则

我们可以把分析分为四个步骤：第一，分析对象用自己的话说出他所意识到的自己的情况；第二，分析对象的梦或幻想为治疗师提供无意识中的补充意象；第三，分析对象与治疗师面对面所产生的关系是一个客观方面，是对前面两个主观方面的补充；第四，处理前三步骤中所得

1　荣格：《心理治疗的目标》（1929），《荣格全集》第 16 卷，§ 111。

到的材料以及治疗师提出的放大和解释，以此补充分析对象的心理图像，这幅图像往往与患者自我人格的看法大相径庭，所以可能导致各种精神的和感情的反应及问题，亟待解答和解决。

像弗洛伊德和阿德勒一样，荣格也认为冲突的**意识化**和**意识固定**是治疗成功不可或缺的前提。[1] 但是荣格一般不将冲突归因于某个单一的欲望因素，而是将冲突视为**心理整体中所有因素的共同作用发生了障碍**的后果。所谓所有因素，是指我们的意识和无意识组成的心理整体中个人部分的因素加上集体部分的因素。另一个重要的区别是，对于大多数冲突，荣格都按**现在**的形势加以解决，而不是着眼于冲突生成的时候，也不考虑那个时候离现在有多远，因为在他看来，每个年龄段和每种生活境况都要求与之相适应的解决方式，哪怕是起因相同的冲突，对于不同的个体也有不同的意义和重要性。一个 50 岁的人和一个 20 岁的人，他们的父母情结可能都起源于相同的童年经历，但是解决他们的父母情结的方式是完全不同的。

113

荣格的方法是目的性的，他的目光总是聚焦于**心理的完整**，**哪怕是局部最细小的冲突**，他也将它**与心理整体**联系在一起。在这个心理整体中，无意识的作用并不仅仅在于收容意识中受到压抑的内容，它首先是“意识的创造力之母”[2]。无意识也不是阿德勒说的“心理的陷阱”，相反，它是人的初始机构、创造机构，是产生一切艺术和人类作品的永不枯竭的源泉。

荣格将无意识及其原型理解为“对立统一”的象征表现，这使他可以从还原性和展望性、建设性三个角度解释梦的内容，他“不仅关注无意识产品产生的基础和原料，而且试图用通俗易懂的方式将象征产品表达出来。对于不经意间突然出现的无意识产品，他的观察更注重的是目

---

1 荣格：《转化的象征》（1952），《荣格全集》第 5 卷，§95。

2 荣格：《分析心理学与教育》（1926），《荣格全集》第 17 卷，§207。

的方向，而不是来源方向。……这个方法以无意识产品为出发点，作为象征表现，无意识产品可以**预示**一部分心理发展的未来趋势”[1]。弗洛伊德将无意识的概念局限在患者的“个人生活史”范围中，所以他所说的象征充其量只是符号或譬喻，他将象征只是理解为“掩体”。而荣格理解的象征是一切心理事件的“面孔”，这张面孔既面向前方，又面向后方，象征就是他的“既……又……”的矛盾的表现。只有这样理解，心理分析工作才不仅仅是消除心理淤堵和阻塞、恢复心理正常，而且还要通过促进象征的形成和象征意义的揭示，力求用生长的萌芽充实心理，从而打开力量的源泉，为患者今后的生活备下创造力。 114

神经症的意义

在荣格看来，神经症不仅仅是一种烦人的疾病，并不只有消极的一面，他在其中还看见了积极、有利的一面，他将神经症视为人格形成的发动机。无论我们是否为了将自己的心理倾向和心理功能类型意识化，或者为了用无意识深处的东西平衡过于跋扈的意识而被迫认识自己的内心最深处，**意识的扩展和深化**，即**人格的扩展**，都是与神经症密不可分的。所以我们可以把神经症视为内心的高级机构发出的警报，它提醒我们人格亟待扩展，只要我们**正确**地处理神经症，就能成功地扩展人格。荣格的学说可以帮助神经症患者摆脱孤立，也就是引导他们正视自己的无意识，并激活无意识中的原型，“这会触及从远古时代遗传下来的遥远的心理背景。如果真的存在这种超个体的心理，那么人的内心中一切转化为图像语言的东西都是非个人的；如果我们意识到这一点，那么从永恒

1　荣格：《心理类型》，《荣格全集》第 6 卷，§§ 771、770。

的角度看，那不再是**我的**痛苦，而是全世界的痛苦，不再是使个人孤立的痛苦，而是无苦之痛。这种痛把我们和所有的人联系在一起，毋庸赘言，这能起到治疗的作用”。[1]

荣格绝不否认有些神经症是由创伤引起的，其根源可以追溯到重要的儿时经历，这种神经症就必须用弗洛伊德的方法加以治疗。对于很多病例，荣格也使用这种方法，尤其用于年轻人的由创伤引起的神经症，这种方法颇有成效。但如果说所有的神经症都是这种类型，都要这样治疗，那是他坚决不同意的。“如果我们谈起集体无意识，这是在谈论分析年轻人时，或分析那些长期停滞在儿时状态的人时，不用加以考虑的 115 问题和领域。如果一个人还要努力克服父母意象，还要为普通人自然拥有的生活打拼，我们最好不要对他说起集体无意识和矛盾对立的问题。但是在他克服了父母的移情和青少年时代的幻想之后，或至少在他已成熟到想要克服这些障碍的时候，我们就必须向他提出集体无意识和矛盾对立的问题了。此时我们就要摒弃弗洛伊德和阿德勒的还原法，因为现在的问题不再是如何消除职业、婚姻，以及其他延伸生活的活动中的障碍，现在的任务是，要找到生命延续的意义，这个意义绝不只是忧伤的回忆和心如死灰。”[2]

所以，还原法主要用于以幻觉、妄想和夸大为主要特征的病例。如果意识倾向多少还算正常，但还有进一步完善和精雕细琢的空间，或者

---

1 荣格：《内心的结构》（1928），《荣格全集》第8卷，§§ 315—316。

2 荣格：《无意识心理学》（1943），《荣格全集》第7卷，§ 113。在对《西藏度亡经》的评论中，荣格非常强调西藏人清楚地意识到心理内部不仅有个人的区域，也有超越个人的区域。按照西藏人的观念，死者的心理离开死者转世投生所要走过的道路可以分成三段，第一段是个人无意识区域，这是通向第二个区域的大门；第二个区域是集体意象所在之处，里面全是圣秘性质的超越个人的原型形象（西藏的度亡仪式中称之为“喝血的恶魔”），过了这个区域，面对面正视了其中的“居民”之后，就可以到达那个战胜了矛盾归于宁静祥和的“地方”，在那儿，涵盖并提升所有心理现象的核心“力量”（自性）作为主管当局独自掌控一切。这条道路就是西方人所理解的，人在有生之年应该完成的心理成熟过程，但顺序是相反的。[参见荣格：《对〈西藏度亡经〉的心理学评论》（1939），《荣格全集》第11卷，§§ 831—858。]

意识误解并压抑了无意识中的发展势头，这时就该考虑使用展望性和建设性的方法了。“还原法总是将我们引回到原始的、自然的事物，而建设性的方法产生的是综合、建构的作用，让人着眼于未来。”[1]

神经症也可能完全起因于当下的情境，尤其上了年纪的人是这样。在青少年时代，自我意识发展不够、装配不牢固，这可以说是自然现象。而在成年的时候片面的意识倾向甚至可以说是必需的，但是一个人上了年纪以后，如果这两种情况依然存在，一旦他不能再适应眼下的处境，就会患上神经症，因为他的本能、他的无意识还没有或者是再也不能与他“自然”结合，其中的缘由可能可以追溯到童年时代，但也可能是由当下的情境造成的。上升的意象和象征能扩展意识，促进内心的发展，体验这些意象和象征就等于开始使用目的性的、展望性的方法，其重点在于构建患者新的心理平衡，以适应当下的情境。 116

展望性

从表面看，神经症本身好像就是目的，发病就是为了让人痼疾缠身，但这只是假象，神经症谋求的是某些积极的东西，这是荣格的核心观点。“神经症将人从呆滞状态中驱赶出来，往往还战胜了人的惰性和绝望的抵抗。”[2]意识的片面性导致能量的淤堵，日积月累，能量的淤堵又会引发或缓或急的神经症，就像一种无法适应外界要求的无意识状态。不管怎么说，并非人人都会遭遇神经症的命运，尽管患者的数量——尤其在所谓的知识分子人群中——在不断上升，在广大的西方国家，患

1　荣格：《分析心理学与教育》（1926），《荣格全集》第 17 卷，§195。
2　荣格：《自我与无意识的关系》（1928），《荣格全集》第 7 卷，§290。

病人数简直到了骇人听闻的程度。甚至那些“原本有身份、有地位的人也难以幸免，他们出于某种原因，长期停留在一个不适应的阶段”[1]，他们的天性对此无法容忍，因为在外部技术世界的压力下，他们无法满足内心的需求。我们不能认为这背后有无意识的“计划”。“如果可能找出一种驱动力的话，那应该就是自我实现的冲动。……也可以说是人格的晚熟。”[2]

所以在某些情况下，神经症本身就能激励患者为人格的完整而努力。在荣格看来，人格的完整既是任务，也是目的，是一个人在尘世间所能获取的最高福祉，不论使用何种医疗手段和方法，目的都是使人格完整。

117

如果我们想消除神经症或普通的人格平衡障碍，就必须激活、开发、同化某些无意识内容，将其吸收到意识中。随着年龄的增长，我们的压抑越来越严重，平衡越来越不稳，无意识的危险也随之上升。所谓同化和整合，指的是意识内容和无意识内容的相互渗透以及它们在整个心理的布局，而不是指对这些内容的价值评判。首先不能损伤意识人格，即自我的主要价值，否则就无人主持整合了。“只有与整个意识通力合作，无意识的补偿才有效。”[3]“主持分析治疗工作的人心里都相信意识化的意义和价值，通过意识化，之前无意识的人格部分就能受到意识的拣选和评判，于是寻求治疗的人不得不面对问题，这也促使他作出有意识的判断和决定，这不啻是对伦理道德功能的直接挑战，为此整个人格都会动员起来。”[4]

1　荣格：《自我与无意识的关系》（1928），《荣格全集》第 7 卷，§291。

2　同上。

3　荣格：《梦的分析的实际应用》（1934），《荣格全集》第 16 卷，§338。

4　同上，§315。

人格的发展

只有在主要矛盾的双方都相对分化时，也就是心理整体的两个部分，意识和无意识相互结合并关系活跃时，才能实现人格的完整。无意识永远不可能彻底意识化，它始终保持着较强的能量负荷，这就保证了能量的落差，并保证心理生活能够畅通无阻。完整总是相对的，追求完整是我们的终生使命。“充分实现人的完整性的人格是无法达到的理想，但无法达到不是反对理想的理由，因为理想永远不是目标，而只是路牌。”[1]

人格的发展是福也是祸，我们必须为此付出很大的代价，因为它意味着孤寂。“人格发展的第一个后果是个体有意识地将自己从彼此没有区别的、懵懂无知的芸芸众生中分离出来，这是不可避免的后果。”[2]但人格发展并不仅仅意味着孤寂，它同时还意味着忠实于自己的法则。“只有自觉肯定内心法则的力量的人，才能成为有个性的人”[3]，而只有有个性的人，才能在集体中找到正确的位置，只有他才真正拥有组织团体的力量，有能力凝聚人群。他不是乌合之众中凑数的分子。乌合之众永远不能像某些团体那样成为有生命力的有机组织。这样的有机组织能获得生命，也能奉献生命。这样，不论在个人的私生活环境中，还是在超个人的集体环境中，自我实现都成了关乎道德的选择，这也能为个性化过程助一臂之力。

118

自我探索和自我实现是承担更高义务的必要前提，哪怕只是为了尽最大可能出色地实现个人的人生意义，虽然这也是天性使然，但天

1　荣格：《人格的形成》（1934），《荣格全集》第 17 卷，§291。

2　同上，§294。

3　同上，§308。

性不负有责任，责任是神和命运专为人准备的。“个性化”的意思是：“成为单独人，因为我们将个性理解为我们内在的独一无二的特性，所以个性化也就是**成为自己**。”[1] 但个性化绝不等于狭隘的、自私的个人主义，因为个性化只是使人成为单独人，而人本来就是单独人。人不会因为个性化而变得“自私自利”，个性化只是让人发扬自己的特性，这与自私的个人主义不能混为一谈。人作为单独人和集体人获得的完整性，通过意识和无意识与世界的完整性联系在一起。这并不意味着只强调自诩的个性，而反对和拒绝集体义务，正如前面已经提到的，个性化是在顾全大局的前提下，发扬自己独一无二的特性。“将个人道路提升为准则，这是极端个人主义的真正意图，只有这时才会与集体准则发生真正的冲突。”[2]

个性化过程

119

总的说来，个性化过程是每个人心理内部潜在的、自发的、自然的、自主的过程，只是大多数人都没有意识到而已。如果没有遭遇什么特别的障碍，受到阻止、延缓或扭曲，个性化过程作为一种“成熟过程或发展过程”，是一个与身体的生长和衰老并行的心理过程。在某些特别的情况下，比如在心理治疗的实践中，我们可以用各种方法刺激、加强、处理个性化过程，使之意识化，以此帮助患者完善个性。在完好无损的意识的指挥之下，这种艰苦的分析工作集中处理心理内部的过程，激活无意识内容，使所有成对的矛盾得以缓和，一层层耕种，穿过分崩离析

1　荣格：《自我与无意识的关系》(1928)，《荣格全集》第 7 卷，§266。
2　荣格：《心理类型》，《荣格全集》第 6 卷，§747。

的心理内部所有的危险地带，直达心理存在的源头和最底层，即内在核心，即自性。[1]前面已经说过，这条道路并非适用于每一个人，而且也不无危险，需要同伴或医生的严格监控，而且自己的意识也必须时刻保持警惕，在无意识内容强行破门而入时保证自我的完好无损，并有目的地将无意识内容安排妥帖。所以走这条路必须是“两人”结伴同行，在有些地方，在各种不同的内外条件之下，有人试图独行此路，特别是对于西方人，即便成功，也会产生灾难性的后果。[2]

自力更生的愿望很容易导致精神上的傲慢、无趣的冥思苦想和自我的孤寂。人需要倾诉的对象，否则体验的基础就显得太不真实了。一切都流向内心，得不到别人的应答，总是自问自答。所以说，天主教徒在忏悔时要与精神导师进行“对话”，这是教会无比高明的安排；对于那些认真践行的信徒来说，教会的办法当然更有效，但很多人根本不去忏悔，甚至有些人没有任何宗教背景，根本不知道有忏悔这回事，对于他们而言，与心理治疗师合作也不失为一种权宜之计，但区别是很大的。因为心理治疗师不是道德权威，不是居高临下的神父，而且他们也不能以此自居，他们充其量只是拥有一定生活阅历、对人类心理的特点和法则有着深刻认识的可信托的人。“患者如果自己不悔过，那也不会有人敦促他悔过；如果他不是自己已经陷进了深深的泥沼，他也不会忏悔；如果上帝不谅解他，他也得不到赦免。”[3]如果分析对象与生俱来的初始人格可以以自然的方式得到实现，也就是说“完整”可以自动生长，那么心理治疗师可以为这个目的提供力所能及的帮助，但如果这个目的不能自然实现，治疗师也不能强行拔苗助长。

120

个性化的流程大致上是固定的，显示出一定的程式化和规律性。这个过程分为两大阶段，这两个阶段的外在表现是相反的，彼此制约和补

1　参见本书作者约兰德·雅各比所著《个性化道路》，第二版，奥尔腾瓦尔特出版社，1971年。

2　参见同上。

3　荣格：《自我认识与深度心理学》，刊于《你》杂志1943年9月刊。

充：前半生和后半生。前半生的任务是“投入外部现实”，直至形成了坚固的自我，主导功能和占支配地位的心理倾向得到了分化，人格面具得到了发展，这个阶段就结束了。其目标在于适应外界，在其中找到自己的位置。后半生的任务是“投入内心世界”，更深刻地认识自己，认识人的本性，反省自己身上有哪些之前一直没有意识到的特性，将这些特性意识化,从而有意识地从内外两方面将自己与尘世和宇宙联系起来。荣格的注意力和努力主要集中在第二个阶段，向处于人生转折点的人展现扩展人格的机会，这也可以作为对死亡的准备。如果他说起个性化过程，那往往指的是这第二个阶段。

在荣格所观察和描述的这种个性化过程中，路标和里程碑是一些特定的原型象征，其表现形式和方式因人而异，这里起决定作用的也是个人的性格特征。因为“方法只是一个人选取的道路和方向，而如何行事才是他的本性的忠实体现”[1]。这些象征表现形式极其繁多，我们必须对各种神话和人类历史上出现过的象征表达非常熟悉，拥有这方面的完备知识，才能旁征博引。没有这样的知识基础，我们就不能详细描述和解释象征。下面只是概略地引述个性化主要阶段所特有的象征，当然也免不了提到很多别的原型意象和象征，它们有的为附带问题作插图，有的是主角的变体。

121

阴　影

第一阶段可以体验到**阴影**。阴影是我们的“另一面”，是我们的“黑色兄弟”，虽然不可见，但它是我们不可分割的一部分，属于我们的完

1　荣格：《评太乙金华宗旨》(1929),《荣格全集》第13卷，§4。

整人格。“有生命的东西要有阴影才能显出立体形态，没有阴影它只能是一个平面假象。”[1]

阴影是个原型形象，在原始人的想象中，阴影至今还表现为很多人格化的形式。阴影也是个体的一部分，是从他的本性中分裂出来的，却“像影子一样”跟随着他。所以在原始人看来，如果有人踩了他的影子，那他就中了恶魔的巫术，必须动用一系列的法术才能化解。阴影也是艺术中很受欢迎并经常出现的母题，艺术家在选择素材进行创作的时候，灵感往往来自无意识深处，然后他又用如此创作出来的作品去打动观众的无意识，这就是艺术效果的秘密所在。正是从他的无意识中升起的意象和形象对人们产生了强大的冲击力，虽然人们并不知道自己的“感动”从何而来。沙米索的《彼得·施莱米尔的奇遇》[2]、赫尔曼·黑塞的《荒原狼》[3]、霍夫曼斯塔尔—施特劳斯的《没有影子的女人》[4]、阿道司·赫胥黎

1　荣格：《自我与无意识的关系》（1928），《荣格全集》第 7 卷，§ 400。

2　Adelbert von Chamisso（1781—1838），德国柏林浪漫派作家，童话体中篇小说《彼得·施莱米尔的奇遇》（*Peter Schlemihls wundersame Geschichte*）是其代表作，主人公施莱米尔将自己的影子卖给魔鬼，换得取之不尽用之不竭的金子，却因为没有影子而在社会生活中陷于孤立，人人避之犹恐不及。而当他重新获得影子后，他也重新找到了人生的意义。——译注

3　Hermann Hesse（1877—1962），20 世纪德语文学中的杰出大师，一生创作了多部重要的长篇小说。1946 年，他的三卷本小说《玻璃珠游戏》（*Das Glasperlenspiel*）获得诺贝尔文学奖。黑塞对心理学有精深的造诣，长于描述人的内省生活，常用两个人物形象表现一个人心理的对立两极，比如叛逆与顺从、情欲与理智、自然与精神等。《荒原狼》（*Der Steppenwolf*，1927）是黑塞创作中期尤为重要的代表作，主人公哈勒反对军国主义，厌恶物质至上主义，追求不朽的理想，同时又认为自己灵魂中既有“人的天性”，又有“狼的天性”，这两者的斗争就是自己痛苦的根源。“人性”和“狼性”是一个人身上的两个不同方面，表面看来两者相互否定，其实却往往相互补充，这与荣格的阴影说正相符合。——译注

4　Hugo von Hofmannsthal（1874—1929），奥地利著名戏剧家，与作曲家施特劳斯合作长达二十余年，创作了很多著名的歌剧作品。《没有影子的女人》（*Die Frauohne Schatten*，1916）是两人合作的作品，说的是灵界大王的女儿嫁给凡人皇帝，做了凡间的皇后，之后失去了原有的随意变化的本领，却又成不了真正的凡人，因为她没有影子，并因此无法怀孕，她本可以凭借自己的法力，用荣华富贵去向一个贫穷妇人换取影子，但又因为不忍心戕害她而作罢，最终因为发了善心而获得了影子，并因此收获了怀孕生育愿望的实现。——译注

的《幕后操纵者》[1]、奥斯卡·王尔德的美丽童话《渔夫和他的灵魂》[2]，还有《浮士德》中的奸诈引诱者梅菲斯特[3]，这些都是艺术作品中阴影母题成功运用的范例。

与阴影的遭遇往往发生在心理功能类型和心理倾向类型意识化的时候。未分化的功能和未发展的倾向是我们的“阴暗面”，属于与生俱来的天性，出于道德的、审美的或其他各种原因，我们摒弃了这些天性，不让它们行使职能，因为它们与意识原则是对立的。如果一个人只分化主导功能，只使用心理的体验机构的这一面领悟各种内外事实，那么他的其余三种功能必然停留在黑暗中，还置身于阴影中，他必须将它们逐步从阴影中分离出来，剥去它们沾带的各种无意识形象。

122

阴影的处理大致上类似于心理分析揭示个体生活经历，尤其是童年经历的意图，只是侧重点不同，所以对于那些还处于前半生的人，荣格在治疗时用的还是弗洛伊德的观点和见解，只要将阴影意识化就可以了。

我们可能在内心的象征形象中或在外界的具体形象中遭遇自己的“阴影”。在第一种情况中，阴影可能表现在无意识材料中，比如出现在梦中人物身上，这个梦中人物是梦者一种或多种心理特征的人格化表现；在第二种情况中，出于特定的原因，周围的某个人成了投射对象，我们将隐藏在自己无意识中的一种或多种特征投射给他。

---

1 Aldous Huxley（1894—1963），英国小说家及评论家，《天演论》作者之孙。他一生著作颇丰，其作品以优雅、风趣和悲观主义的讥讽著称。《幕后操纵者》（*Grey Eminence*，1941）是赫胥黎撰写的约瑟夫神父（Père Joseph，1577—1638）的传记，约瑟夫神父本名 François Leclerc du Tremblay，是嘉布遣会修士，与法王路易十三的宰相黎塞留过从甚密，长期担任其外交事务顾问，对黎塞留执政时期的内政外交很有影响，甚至在幕后参与决策。——译注

2 Oscar Wilde（1854—1900），爱尔兰诗人、戏剧家、作家，19 世纪末英国唯美主义运动的代言人，主张“为艺术而艺术”。他创作的童话《渔夫和他的灵魂》（*The Fisherman And His Soul*，1891）说的是年轻的渔夫想娶美人鱼为妻，但苦于拥有人的灵魂而不能如愿，他只要剪掉自己脚下的影子，灵魂也就随之而去，于是他就和美人鱼幸福地生活在一起，而他的灵魂则独自出外游荡，每年回来引诱故主背叛美人鱼。到了第三年渔夫终于又和自己的灵魂合二为一，但他的灵魂早已在多年的游荡中变得邪恶堕落，美人鱼遭到背叛后死去，渔夫也随之心碎而死。——译注

3 歌德《浮士德》中的反面主角，作为魔鬼与浮士德订约，在浮士德有生之年魔鬼满足浮士德一切愿望，让他为所欲为，条件是浮士德死后灵魂归魔鬼使唤。——译注

但是阴影更多更自然的表现是在我们自己身上，它是我们自己的特性，属于我们自己，虽然我们很不情愿承认这一点，即便承认，也很勉强。比如我们勃然大怒的时候，突然开始骂骂咧咧，行为举止粗暴冷酷，或者不经意间做了有违公德的事，或者我们突然变得狭隘、小气、吹毛求疵、懦弱、狂妄、无礼或无耻，这时我们就暴露了自己平时一直小心隐藏和压抑的特性，我们甚至根本不知道自己身上存在这些特性。一旦我们因为受到情感侵袭，暴露了这些特性，那我们就再也不能对它们视而不见了，此时我们一定很惊讶，难以置信地扪心自问：这怎么可能？我们身上真的有这种东西？

123

荣格将阴影分为两种形式，虽然两者名称一样。第一种形式是“个人阴影”，其中包含从未得到实现或难以得到实现的个人的心理特征；第二种形式是“集体阴影”，它属于集体无意识中的形象，比如表现为智慧老人的消极形象或自己的阴暗面，它代表甚嚣尘上的时代精神的“反面”，是隐身的对立面。两种形式在人类心理都有其作用。

阴影有个人的表现形式，也有集体的表现形式，这要看阴影是属于自我范围、个人无意识还是集体无意识。阴影可以以我们意识范围内人物的形象出现，比如我们的大哥（或大姐）或其他亲近的人，又比如《浮士德》中的实习生瓦格纳[1]，也就是体现我们对立面的那个人；如果要表达的是集体无意识的内容，阴影同样也可以以神话中人物的形象出现，比如梅菲斯特、牧神[2]、哈根[3]、洛基[4]等；此外阴影也可以是双生兄弟、“最好的朋友”或艺术作品中的人物形象，比如作为忠实的

1　浮士德的助手，是象牙塔里的书呆子。——译注

2　牧神，希腊神话中的潘（Pan）、罗马神话中的浮努斯（Faunus）等。——译注

3　Hagen，流传于北欧和日耳曼地区的英雄史诗《尼伯龙根之歌》中的反面人物，贪婪奸诈冷酷暴虐。——译注

4　Loki，北欧神话中诸阿斯之一，是一个狡诈滑稽之神，众地怪之父，神和巨人的中间人。《旧埃达》和《新埃达》中有他的故事。——译注

同伴陪同但丁穿过地狱的维吉尔[1]。“自我与阴影”成双成对是出了名的原型母题，其余类似的还有吉尔伽美什与恩奇杜[2]、卡斯托耳与波鲁克斯[3]、该隐与亚伯[4]，等等。

虽然一眼看去是如此的矛盾，但阴影作为“另一个我”，也可以用积极的形象表现出来，比如一个人在外界的意识生活中“低于自己的水准”，没能完全实现自己现有的可能性，而阴影是他的“另一面”的人格化表现，也就是说，他的积极面过的是黑暗的阴影生活（彩图 3）。从个人的角度看，阴影代表“个人的阴暗面”，是我们拒绝、摒弃、压抑的心理内容的人格化表现，在特定的情况下，这些内容也可能有其积极的一面。从集体的角度看，阴影代表存在于我们内心的人类共有的阴暗面，也就是每个人天生固有的低劣倾向和黑暗倾向。在心理分析中，我们首先并且主要是在个人无意识的形象中发现阴影，所以我们必须首先从个人的角度观察和解释阴影，其次才考虑集体角度。

124

阴影可以说是站在“母亲”即无意识大门的门槛上，它是意识自我的真正对立面，是的，它与自我同步成长壮大。阴影带着从未获得生命的大量体验材料挡住我们，不让我们去往富有创造力的无意识深处。正是出于这个原因，有些人以骇人的意志拼尽全力想要保持自己“居高临

1 维吉尔原是古罗马诗人，活动于公元前 70—前 19 年，一生写了三部作品：《牧歌》《农事诗》和《埃涅伊德》，其中《埃涅伊德》完全采用神话题材，是欧洲文学史上伟大的个人创作的史诗。但丁把维吉尔的形象引入《神曲》中，维吉尔的灵魂陪他游历地狱和炼狱。——译注

2 Gilgamesh，原是一个真实的历史人物，苏美尔的乌鲁克城邦王朝第五代统治者（公元前 27 世纪末一前 26 世纪初），死后不久便被神化，是苏美尔神话史诗的英雄。从公元前 2000 年起，吉尔伽美什被认为是冥界的判官，人类的保护神，他的形象早就超越了两河流域，成为整个西亚各族人民的共同财富。恩奇杜（Enkidu）是吉尔伽美什的仆从和奴隶，在史诗中则是其战友和英雄，协助其建功立业，众神发怒，要惩罚他们，恩奇杜代友受罚，患病而死，吉尔伽美什怀念亡友，在神的帮助下于冥界见到恩奇杜的亡灵。——译注

3 Castor 和 Pollux 是宙斯的一对孪生子，合称狄俄斯库里，他们都参加了阿耳戈英雄远征，宙斯为了褒奖他们的手足之情，把他们化为双子星座，这一神话中含有古印欧民族崇拜双生子的成分，“狄俄斯库里兄弟”已是手足情谊的同义语。——译注

4 该隐与亚伯是亚当与夏娃的两个儿子，该隐出于妒忌杀害了亚伯，为此被逐出伊甸园，事见《圣经》。——译注

下”的地位，却力不从心，不论对别人，还是对自己，都不肯承认自己的缺点和短处，最后油尽灯枯，没有了朝气和活力。他们的精神道德水准绝不是自然发展的结果，而是人为构造、勉强维持的一个空架子，稍微承受一点负重就可能坍塌。这种人很难或者根本不能守住自己内在的真实，他们无法缔结一段真止的关系或精力充沛地投入工作，他们的阴影层中堆积的受压抑的东西越多，他们就被神经症的触须缠得越紧。在青少年时代，阴影层自然比较单薄，所以还能容忍，但是随着年龄的增长，这一层的材料越积越多，渐渐成了无法逾越的屏障。

“每个人都随身携带着一个阴影，这个阴影在个人的意识生活中表现越稀少，就越黑越浓重。”[1]“如果阴影中被压抑的倾向全都是邪恶的，那就没什么问题了，但其实阴影未必是邪恶的，有时只是一些低级的、原始的、不适应的、尴尬的东西，其中的天真烂漫和原生态还能在一定程度上为人的生活增添生气和色彩，但这些东西不合惯例常规”[2]，遭受偏见，违背礼仪和风俗，损伤颜面，由于颜面与人格面具的问题紧密相关，所以它尤其可能遏制心理的任何发展，造成灾难性的后果。“单纯地压制阴影起不到治疗作用，就像以砍头治疗头痛。……如果我们能意识到某些低级的东西，那就总有机会纠正它，而且由于不断地与其他需求发生接触，它也就不断地受到限制，但如果它受到压抑，孤立于意识之外，那就永远得不到纠正了。”[3]

125

正视阴影就意味着毫不留情地看到并批判自己的本性。但是由于投射机制的存在，阴影就像所有无意识中的东西一样，被投射给一个客体，所以如果我们认识不到自己身上的阴暗面，那就永远“是别人的错”。在分析工作中我们要有这个思想准备，阴影的意识化往往会遭到分析对象的强硬抵制，自己身上存在这么多阴暗面，这是他不能

1　荣格 :《心理学与宗教》(1940),《荣格全集》第 11 卷， § 131。

2　同上， § 134。

3　同上， §§ 133、131。

接受的，他害怕在这个认识的重压之下，他不得不眼睁睁地看着他那好不容易建立起来并维持至今的意识自我的大厦土崩瓦解。[1]

分析工作往往就败于这个阶段，分析对象无法坚持正视自己的无意识内容，中断分析后他又退回到自欺欺人或神经症的状态中，这样他才有安全感。这种情形绝不少见，旁观者在评论和指摘“失败”的分析时不可无视这个因素！

这杯酒再苦，我们也不能不喝。认识阴影的真实性，承认它是我们本性的一部分，并且对于这种认识始终保持心理准备，这样我们才能学会区分自己和阴影，此后我们才能成功应对其他心理矛盾，因为到这时我们才能客观看待自己的人格，做不到这一点，我们在追求完整的道路上就不可能获得进步。“设想有这样一个人，他勇敢地收回了自己所有的投射[2],那么此人就是意识到了自己的巨大阴影。但这样的人又会背上新的问题和冲突，他成了他自己的重大使命，因为现在他不能再说，这事或那事是**别人**干的，**他们**犯了错，他要与**他们**争斗一番。他现在住进了‘反省室’，终日聚精会神地反观内心。这样的人深知，不论世界有什么错，他自己也有份，如果他学会了解决自己的阴影，那他就是为世界作出了实实在在的贡献，于是他也就至少对我们这个时代尚未解决的巨大问题中极小的一部分作出了解答。”[3]

126

---

1 荣格如此重视阴影的意识化，这是很多人不敢接受荣格式分析的最重要的原因之一，虽然他们自己并没有意识到这个原因。

2 对“所有的”一词，读者不可过于较真儿，因为一个人绝不可能意识化和收回所有的投射，否则他的无意识中就一无所有了，无意识中哪些材料可以在什么程度上得到处理，这完全取决于个人的心理状况。

3 荣格 :《心理学与宗教》(1940),《荣格全集》第 11 卷，§ 140。

阿尼姆斯与阿尼玛

个性化过程第二阶段的特征是发现“**心象**”。荣格把男人的心象称为**阿尼玛**，把女人的心象称为**阿尼姆斯**。心象的原型形象代表心理的异性部分，一方面表现个人与这个异性部分的关系，另一方面也是整个人类对异性体验的积淀。也就是说，心象是异性的意象，在我们心中既是单个的个体，也是一种类型。俗话说“每个男人心中都有自己的夏娃”。前面已经说过，按照心理法则，心理中一切潜在的、未分化的、未得到体验的东西，即无意识中的一切，其中也包括男人的“夏娃”和女人的“亚当”，都会被投射出去，所以我们常常在**别人**身上体验自己的异性本源，这和阴影没什么两样。我们选择一个别人，和一个表现自己心理特征的别人扯上关系。

像阴影和一切无意识内容一样，阿尼姆斯和阿尼玛的表现也可以分为内在的和外在的两种形式。内在的形式出现在梦、幻想、幻象以及其他无意识材料中，它们表现我们心理某一种或一整束异性特征；而外在的形式就表现在我们身边的一个异性人物身上，我们将他作为投射对象，把我们自己无意识心理的一部分或整个无意识心理部分都投射给他，只是我们自己没有发现，从外面迎面向我们走来的，正是我们自己的内心。

心象是一个或牢固或松散的功能复合体，如果一个男人喜怒无常，像女人一样感情冲动，或者一个女人对阿尼姆斯着了魔，自以为是，牢骚满腹，摒弃本能，以男人的方式作出反应，[1]那都是他们不能把自己和

127

1　什么是“女性”特征，什么是“男性”特征，虽然没有任何经得起科学论证的绝对标准对此作出区分，但在这方面，大家普遍接受文明史上流传下来的观念，这些观念甚至可能可以追溯到性细胞最简单的生物特性。

自己的心象分开而造成的现象。“有时我们会在自己心中觉察到陌生的意志，它与我们自己想要的或赞许的一切背道而驰，这种意志的所作所为不一定就是邪恶的，它也可能有更好的意图，高瞻远瞩，赋予我们灵感，引导我们前进，成为我们的守护神，就像苏格拉底的精灵[1]。”[2] 于是我们觉得，某人被一个陌生人“占领”了，就像俗话说的：“另一个灵魂进入了他的身体。”于是有些男人对某种特定类型的女人迷恋得不能自拔，我们经常看见偏偏是那些男性高级知识分子会不可救药地恋上娼妓，因为他们女性情感的一面完全没有分化；或者一个女人不可理喻地追随一个冒险家或江湖骗子，无论如何都离不开他。心象的情形，梦中的阿尼玛或阿尼姆斯，是测试我们心理状况的天然尺度，在自我认识的过程中值得我们给予特别的关注。

心象的表现形式简直是数不胜数。心象很少是清晰明确的，它几乎总是表现得含混复杂，带有所有相反的特征，但必须是典型的男性特征或典型的女性特征，比如阿尼玛可以表现为甜美的姑娘、女神、巫婆、天使、魔女、女乞丐、妓女、女伴、女斗士，等等，有些阿尼玛形象很有特色，比如帕西法尔传说[3] 中的孔德丽或珀尔修斯神话中的安德罗墨

1 即 Daimonion，柏拉图的对话和色诺芬的《回忆苏格拉底》提到 Daimonion 是苏格拉底的个人专属神明，是其“内心的警告声”，这种声音总是在关键时刻阻止他作出不正确的举动，却从不建议或鼓励他做什么。苏格拉底将 Daimonion 视作神的声音，它能识别理智所不能识别的东西，所以对它言听计从，以致招来“另立新神”的指控。——译注

2 埃玛·荣格：《论阿尼姆斯问题》，出自《心理的现实：新心理学的应用与进步》，该书收入 H. 罗森塔尔、埃玛·荣格和 W. M. 克兰菲尔德的论文，C. G. 荣格编辑整理，第 2 版，苏黎世拉舍尔出版社，1947 年，第 297 页。

3 帕西法尔（Parsifal）传说讲述的是帕西法尔如何经过各种考验和心灵净化，从一个一无所知的“傻子”发展成为圣杯堡国王的。孔德丽（Kundry）是该传说中的一个女性角色，她是圣杯堡的使者，在圣杯骑士间传送消息和命令。她的外貌丑陋粗鄙，却以智慧和道德见长。珀尔修斯（Perseus）是宙斯之子，杀死美杜莎后路遇安德罗墨达（Andromeda）受难，她的母亲因为夸耀女儿的美貌而触怒海神波塞冬，她的父亲因此把她锁在海边山崖上献给海怪，以免国家遭受灭顶之灾。珀尔修斯杀死海怪救下安德罗墨达，并娶她为妻。关于安德罗墨达的传说，在古代的壁画、瓶绘、浮雕中都有所表现，欧洲的许多伟大艺术家都曾以此为题材作画，以这一故事为主题的戏剧、雕塑作品也层出不穷。——译注

达，艺术作品中的阿尼玛形象有《神曲》中的贝阿特丽切[1]、赖德·哈格德[2]的《她》、伯努瓦[3]的《亚特兰蒂斯》中的阿提尼亚，等等。阿尼姆斯的表现虽然不无区别，但也大致如此。较高层面的形象有狄俄倪索斯[4]、蓝胡子骑士[5]、花衣魔笛手[6]，以及漂泊的荷兰人[7]、齐格弗里德[8]，等等，较低、较朴实层面的形象有影星鲁道夫·瓦伦蒂诺或拳击冠军乔·路易斯，或者在特别动荡的历史时代，比如现在，个别著名的政治家或军事将领也会成为阿尼姆斯，只要阿尼姆斯是个个人形象。此外，如果阿尼姆斯和阿尼玛还没有修成人形，还只是表现为纯粹的本能冲动，那么具有典型男性特征或女性特征的动物甚至物件也可以象征阿尼姆斯和阿尼玛。所以阿尼玛也可能表现为母牛、猫、虎、船、洞穴，等等，而阿尼姆斯也可能表现为雄鹰[9]、公牛、雄狮或长矛、钟楼，以及任何象征男性生殖器的器物。

128

彩图4画的是从集体无意识海洋中升起的山峰，象征最新获得的牢固的意识观念；图中表现了“新世界”的诞生，在许许多多宇宙起源

1 Beatrice，但丁《神曲》中的女向导。她先是召唤维吉尔救了但丁的命，最后带领但丁游历了天堂。——译注

2 Rider Haggard（1856—1925），英国小说家。他的《她》（*She*）是一部奇幻小说，女主人公是一位非洲的白人女王，两千年前因求爱不成，杀害了她单恋的人，两千年后被害人的后代前往非洲寻根，又与这个女王相爱。女王青春永驻，其秘密是她曾经在神火中沐浴，但是她在准备结婚时，再一次浴火后却瞬间衰老并死去。——译注

3 Pierre Benoit（1886—1962），法国小说家。他的小说《亚特兰蒂斯》（*L'atlantide*）中的阿提尼亚（Antinéa）以其美貌、智慧、残忍吸引所有的男人，然后他们都死了，他们的干尸被她用来装饰陵墓。阿提尼亚是纯粹破坏性的阿尼玛形象。——译注

4 Dionysos，希腊神话中的土地丰产之神、植物神、葡萄和葡萄酒神，他是与自然力相联系的农业神。——译注

5 《蓝胡子》，法国诗人夏尔·佩罗（Charles Perrault）创作的童话，故事主角蓝胡子不断地娶妻杀妻，杀了娶，娶了再杀，最后暴露被杀。——译注

6 花衣魔笛手是德国民间故事中的人物，能吹笛消除鼠患，因没有得到村民许诺的报酬而再次吹笛诱拐了村中的孩子。——译注

7 传说中一个受到诅咒的船长永远漂流在海上，永远不能靠岸，也无法以死解脱。——译注

8 Siegfried，《尼伯龙根史诗》中的英雄，最后被哈根杀害。——译注

9 见彩图4。

说、神话和宗教观念中都能找到类似的想象（比如炼金术象征的“术士山”和印度神话中的“须弥山”）。山顶上的太阳是意识的象征，却嵌在山顶上，太阳紧紧地困住那只大胆腾飞的雄鹰；雄鹰象征“阿尼姆斯”，象征野心勃勃的女性才智，太阳把雄鹰折磨得“鲜血淋漓”，大地山川因此得以滋润和肥沃，生命的萌芽得以茁壮成长。

“心象的第一个载体大概总是母亲，以后才是那些激发男人感情的女人，不论那是正面的感情还是负面的感情。”[1] 脱离母亲是个性形成过程中最重要也是最棘手的一个问题，尤其对于男人而言。为此原始人有一整套典礼、男人成人礼、转世仪式等，让那些刚成年的人有能力脱离母亲的保护，只有这样整个族群才会承认他们是成年人。而欧洲人必须在意识化自己心理的女性成分或男性成分时才能“认识”自己异性的一面。尤其是西方人，他们的心象，即心理中的异性形象，在无意识中埋藏得如此之深，所以产生了严重的负面作用，这在很大程度上要归咎于

129

我们的父权文明。“尽量压抑女性特征是男人的美德，女人也不喜欢被人看成女汉子。压抑女性特征和倾向必然导致这些需求都堆积在无意识中，女性意象也就必然成了这些需求的收容所，所以男人在选择爱人的时候，往往情不自禁地想要赢得那个与他自己特有的无意识女性倾向最相符的女人，也就是那个能在最大限度上痛痛快快地接受他的内心投射的女人。”[2] 这样的男人娶的往往是自己最坏的缺点，这也能解释某些稀奇古怪的婚姻，女人的情形也一样。[3]

在西方文明中，由于父权的发展，女人也有男尊女卑的思想，这在很大程度上增强了阿尼姆斯的力量。此外，现在有了控制生育的可能，现代科技的发展为女人们减轻了家务负担，而且现代女性的才智能力都有了长足的进步，这一切也都对此有所贡献。就像男人天生对厄洛

---

1 荣格：《自我与无意识的关系》（1928），《荣格全集》第 7 卷，§ 314。

2 同上，§ 297。

3 参见荣格：《母亲原型的心理学视角》（1939），《荣格全集》第 9 卷 /I，§§ 148—198。

斯[1]缺乏信心一样，女人在逻各斯领域也总是缺乏信心。“面对阿尼姆斯，女性要克服的不是骄傲，而是缺乏自信以及对惰性没有抵抗力。”[2]

像阿尼玛一样，阿尼姆斯也可以分为两种基本形式，即光明的形象和黑暗的形象，或者说“上面”的形象和“下面”的形象，分别带有积极的性质和消极的性质。作为意识和无意识之间的中介，“阿尼姆斯的逻各斯原则决定了它重在认识，尤其重在理解，它传递的不是意象，而是意义”[3]。在歌德的《浮士德》中决定逻各斯原则的四个要素，都是以有意识为前提的[4]。“意象被投射到一个类似于阿尼姆斯的真实的男人身上，他就承担起了阿尼姆斯的角色，或者这个意象也可能表现在梦中或幻想中，由于它表现了活跃的内心现实，所以它能自内而外地为人的行为染上特别的色彩”[5]，无意识总是带有异性“色彩”。“处于更高层面的是非个人的阿尼姆斯，它的一个重要功能就是作为真正的灵魂向导，主持和陪护心理的转变。”[6]当然，像阿尼姆斯和阿尼玛那样的原型，永远不会与一个真实的个人完全重合，而且一个人个性化程度越高，他作为投射对象与被投射的意象之间差异就越大，因为个性正是原型表现的真正对立面。“个性并非任何形式的典型，而是可能典型的单项特征的独一无二、无与伦比的组合。”[7]这种差异由于移情关系一开始是看不见的，但是渐

130

1　Eros，希腊神话中的爱神，代表爱欲，被解释为宇宙中创造和联系的力量，并转义为对美的爱，是人一生中追求美和善的灵感的来源。该词所表示的爱是占有的爱，有感性的引诱和性的吸引之意，是男女之爱，也表示一种欲望或对别人的热情与激情。弗洛伊德赋予它以“人的爱的本能”的意义。——译注

2　埃玛·荣格：《论阿尼姆斯的本质》，第 329 页。

3　同上，第 332 页。

4　在《论阿尼姆斯的本质》一文中，埃玛·荣格认为，再现希腊“逻各斯”的“言、思、力、为”四个发展阶段是男性特征的四要点，在男性的人生中，以及在阿尼姆斯形象的发展中，每个阶段都有其代表，顺序可能有变，比如“有力的人”或“有意志的人”属于第一阶段；“有为的人”属于第二阶段；“有言的人”属于第三阶段；而在生活中不断思考“意义”的人属于第四阶段（参见同上）。

5　埃玛·荣格：《论阿尼姆斯的本质》，第 302 页。

6　同上，第 342 页。

7　同上，第 312 页。

示意图 18

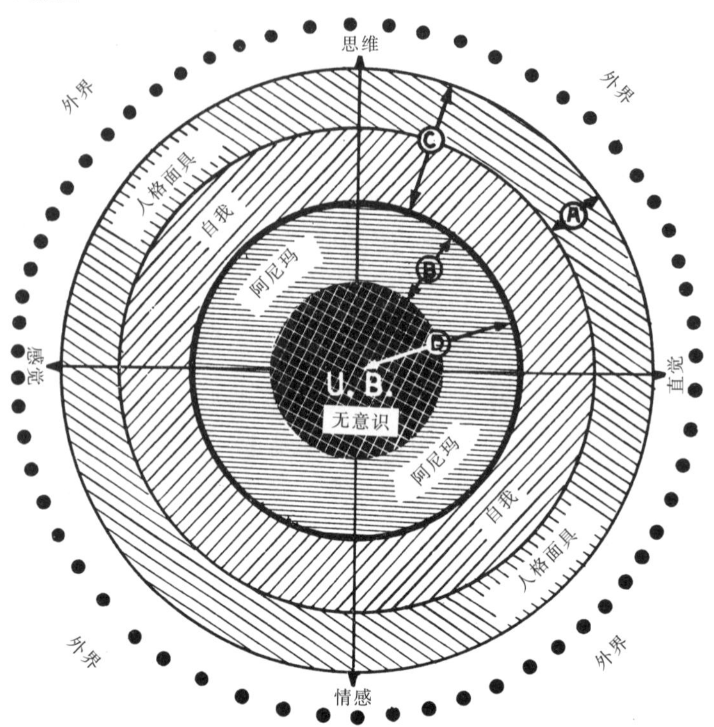

渐地在投射对象的真实形象身上表现得越来越明显，最终的冲突和失望是不可避免的。

心象与“人格面具”的性状有着直接的关系。“如果人格面具偏重于知性，那么心象必然是善感的。”[1] 如果说人格面具表现的是一个人外在的习惯倾向，那么阿尼姆斯和阿尼玛表现的就是内在的习惯倾向。我们可以把人格面具看为自我和外界之间的中转站，而把心象看为自我和内心世界之间的中转站。示意图 18 表达的就是这个意思。A 是人格面具，作为中介存在于自我和外界之间；B 是阿尼姆斯或阿尼玛，是自我和无意识内心世界之间的中转站；C 兼顾自我和人格面具，表现从外面清晰

1　荣格：《心理类型》，《荣格全集》第 6 卷，§ 806。

可见的表面化的内心状况；D 是基因型成分，构成潜在的、不可见的无意识内心。人格面具与心象互为补偿，人格面具将人与其本能天性隔绝得越彻底，心象就越原始、粗糙、有力。不论哪一面，要想摆脱都是极其困难的，但是如果一个人与它们分不开了，那么摆脱就是迫切必要的了。

只要无意识心理的各种成分和特征尚未分化发展并加入意识（比如一个人尚未认识自己的阴影），那么男人的整个无意识就都带有女性特征，而女人的整个无意识都带有男性特征，其中的一切似乎都染上了女性或男性色彩，荣格在强调这一点的时候，索性称整个无意识领域为阿尼玛或阿尼姆斯。如果人格面具过于僵化，也就是说只有一种主导功能得到了分化，而其余三种功能还都处于未分化的状态，那么阿尼玛当然就是这三种功能的混合体。但是随着分析的进展，两种辅助功能获得一定程度的发展之后，阿尼玛渐渐地显露出最黑暗的第四种功能，即劣势功能的"完形"。[1] 如果阴影也还没有得到分化，也就是说，阴影还完全处于无意识深处，那么它往往会沾染上阿尼玛的特征。在这种情况下，有时梦中会出现一个阴影三人组，它们对应的是那三种无意识功能，而有时也会出现一个阿尼玛或阿尼姆斯三人组，阴影与阿尼玛之间的相互沾染在梦中也会表现为一个阴影形象和一个阿尼玛或阿尼姆斯形象之间的"成双成对"，表现为它们的"婚姻"。 131

一个人与他的人格面具认同程度越高，他的阿尼玛所处的环境就越"黑暗"。"阿尼玛被投射出去，于是大无畏的英雄也会惧内"[2]，因为"如果对外不能抵制人格面具的诱惑，那么对内同样是软弱的，同样不能抵制无意识的影响"[3]。一个对阿尼玛着了魔的男人，面临着失去"得体的"人格面具的危险，从而变得女性化。同样，一个对阿尼姆斯着了魔的女人， 132

1　参见示意图 5。

2　荣格：《自我与无意识的关系》（1928），《荣格全集》第 7 卷，§ 309。

3　同上，§ 308。

也会因为阿尼姆斯的“意见”，而丧失已成习惯的女性人格面具。这两种人的典型表现是“刻薄”。

阿尼姆斯很少是单个的形象，考虑到无意识内容对意识行为的补偿性，我们可以说：因为多配性是男人天生的外在倾向，所以他的阿尼玛，他的心象往往表现为单个的形象，这个形象聚合了各种复杂的矛盾的女性类型，[1] 所以真正的阿尼玛形象有着“变幻多端的性格”和“精灵般的本质”；而女人在生活中倾向于单配性，她们的心象就呈现出多配倾向，作为补偿的男性气质往往以各种不同的版本在一系列形形色色的单个形象中得到人格化表现，所以阿尼姆斯是“多数”的体现，像是“父辈及其他权威的集合，他们的判断是权威性的、无可辩驳的、‘理智的’”[2]。女人，尤其是那些以情感为主导功能的女人，她们的思维功能分化程度极低，她们之所以喜欢吵架和无理取闹，就是因为她们对各种意见、成见、原则不加批判就全盘接受，这是绝大多数女人的天性。这个比率相当高，但是自世纪之交以来，随着女权运动[3]的发展，这个情况已有所改变。由于心象与无意识深处见光最少的功能是重合的，所以它的性格与主导功能相反，并表现在一个与这种性格相吻合的特别形象中。所以，长于抽象思维的科学家的阿尼玛是浪漫情感型的；而耽于感官享受的世俗女人则是直觉丰富、神经敏感的艺术家的阿尼玛；感情用事的软弱男人心里装着女汉子的意象，在我们这个时代这种意象表现为女权主义者或女博士。女人的阿尼姆斯形象也一样，根据各人主导功能的不同，阿尼姆斯时而是危险的唐璜，时而是长胡子的教授，有时又是威猛的英

1 原则上说，这种情况只发生在非常“阳刚”的男人身上。一个男人越是女性化，——这样的男人现在很多见，——也就是说，他的母亲情结越是强烈，在他的梦中或幻象中体现阿尼玛特性的女性形象就越多，有时甚至是同种类型的很多女人（比如一群芭蕾舞女演员或一群妇女志愿者）。只有在他的人格发展有了进步之后，众多的女性形象才会浓缩成一个集各种特性于一身的单独形象。

2 荣格：《自我与无意识的关系》（1928），《荣格全集》第7卷，§332。

3 参见约兰德·雅各比：《女性问题—婚姻问题》，苏黎世拉舍尔出版社，1968年。

雄，比如战士、骑兵、球星、司机、飞行员、影星，等等。阿尼玛并不仅仅是躲在无意识暗处伺机引诱的本能冲动的形象表现，而且象征着男人心中智慧、光明的引路人，这是无意识的另一面。这一面不是将他往下拉，而是将他往上推；同样，阿尼姆斯也不仅仅是厌恶一切逻辑的意见鬼，它还是一个富有创造力的多产的形象，当然它不是在形式上做男人的工作，而是发表有用的言论，它是“逻各斯的理性萌芽”。男性从内在的“女性特征”中产生完美的作品，而阿尼玛是他的灵感缪斯，“女性内在的男性特征所产生的创造性萌芽，能使男性的女性特征受孕”[1]。通过这种方式，男女两性不仅在自然、幸福的身体结合中相互作用、相互补充，赋予自己“身体的孩子”以生命，而且在贯穿并联结他们内心深处的神秘洪流中也是相互作用、相互补充的，从中产生“精神的孩子”。如果一个女人能意识到这一点，懂得与自己的无意识“周旋”，听取自己内心的声音，那么她就有可能成为男人的“女性灵感源泉”或自以为是的教条主义者、贝阿特丽切或悍妇。

如果男人到老来变得娘娘腔，而女人变得强悍，那就说明，本该转向内心并在内心发生作用的心理成分转向了外界，因为这些人没有及时给予内心应有的承认。我们只有在还没有看透一个男人或一个女人的真正本性的时候才会迷恋他们，那时也不知道他们会给我们带来怎样的失望。但是对方的本性我们只能在**自己身上**看透，因为我们选择配偶的时候，找的就是能代表我们自己无意识心理人格成分的人，一旦意识到这一点，我们就不会再把自己的错推给女性或男性伴侣，也就是说投射消除了，我们因此得以收回大量之前用于投射的心理能量，供自我使用。当然，投射的收回不能与大家所说的“自恋”混为一谈，虽然收回投射也是“回归自己”，但不是“自我满足”，而是自我认识。 134

一旦意识到并看透了自己内心的异性特征，我们就能在很大程度

1　荣格：《自我与无意识的关系》（1928），《荣格全集》第 7 卷，§ 336。

上掌控自己以及自己的感情和情绪。这意味着我们在获得真正独立的同时也难免孤独，那是“内心自由”之人的孤独，这样的人再也不会受到任何爱情或伴侣关系的捆绑束缚。对他们而言，异性已经失去了神秘性，因为他们在自己的内心深处认识了异性特征。这样的人也不太可能再“陷入爱河”，因为他们再也不会迷恋任何人，但他们能有意识地奉献更深沉的“爱”。他们的孤独并没有让他们远离世界，而只是让他们与世界保持适当的距离。因为孤独，他们的本性得以牢固确立，这使他们的人际关系更和睦，更无保留。当然，要达到这个境界，往往需要耗费半生的时间，不经过斗争大概谁也达不到这个境界。此外还需要大量的经验，其间失望也在所难免。所以，对付心象不是青少年的任务，而是熟男熟女的任务，可能也正因为如此，人到了人生后期才有必要关心这个问题。在前半生,两性结合主要是身体的结合,“身体的孩子”是结合后产生的果实，也是生命的延续；而到了后半生重心就转为心理的“结盟”，双方不仅与自己内心世界的异性特征结合，而且也与外界的意象载体结合，帮助“精神的孩子”获得生命，使两人的精神存在获得果实和延续。

135

遭遇心象之日，也就是人生的前半部分结束之时，此时人对外界现实有了必要的适应，因此意识也确定了向外的方向，从此人必须开始进入适应内心的重要阶段，开始面对自己的异性成分。“所以，激活心象原型是命中注定的事件，这明白无误地宣告了人生后半部分的开始。”[1]

我们在德国文学中可以找到非常优美的例子，那就是歌德的《浮士德》。在第一部分中，格雷欣是浮士德的阿尼玛的投射对象，这段爱情以悲剧告终，这迫使浮士德从外界收回了投射，他转而在自己身上寻找心理的这一部分，最终在另一个世界，也就是在他自己的无意识“地府”中找到了，海伦就是这一部分心理的象征。《浮士德》诗剧的第二部分

1　托妮·伍尔夫：《荣格心理学研究》，第 159 页。

是个性化过程及其所有原型形象的艺术化表现，其中的海伦是个经典的阿尼玛形象，是浮士德心理的心象。他在各个阶段、各种转变中与这个心象周旋较量，直至出现了最高形象荣光圣母，这时他才获救，得以进入那个永恒的世界，在永恒的世界一切对立矛盾都消除了。

正如阴影的意识化使我们得以认识自己同性的阴暗的另一面，心象的意识化也使我们得以认识自己心理的异性特征。心象一旦得到认识和开发，它就不再从无意识中发挥作用，我们终于可以分化心理的这一异性成分，并将其纳入意识倾向，大大地丰富我们的意识内容，并进而大大地扩展我们的人格。

精神原则与物质原则的原型

136

现在又廓清了一段道路的障碍。正视心象的一切危险都被克服以后，又会有新的原型形象把人带入新的冲突，迫使人采取新的措施。整个过程是有方向、有目的的。无意识虽然是没有意图的纯粹天性，只有一个“潜在的方向”，但是它有自己的内部秩序，有其内在固有的目的性。从这个意义上说，“如果意识积极参与并体验过程的每一个阶段，那么下一个意象就会从由此获得的较高层面上生发出来，这样就产生了方向和目的”。[1] 这个过程并不是由象征简单地排列而成的，而是在某一个问题得到意识化、解决并整合之后才会有下一步的进展。

所以，在处理了心象之后，作为精神原则人格化表现的智慧老人原型（彩图 5）的出现，是内心发展的下一个里程碑。女性个性化过程中的

1　荣格：《自我与无意识的关系》（1928），《荣格全集》第 7 卷，§ 386。

对应意象是大母神玛格纳马特，她代表冰冷客观的自然真相（彩图 6）。[1]现在要做的是照亮自己本性中最隐蔽的褶皱间隙，也就是天生固有的“男性特征”或“女性特征”，对男性而言是“精神”原则，对女性而言是“物质”原则。这次不是像对待阿尼姆斯和阿尼玛那样，与自己心理的异性成分打交道，而是要了解自己的本性，了解自己纯粹女性或纯粹男性的本源，直至追溯到形成自己本性的那个原始意象。我们可以说，男性是变成了物质的精神，而女性是精神浸润的物质；男性的本性是由精神决定的，而女性的本性是由物质决定的。我们有无数的可能性可以使自己的本性意识化，从最初的“原始本性”到它的最高级、最复杂、最完美的象征。

137 “智慧老人”和“大母神”这两个意象都有无数的表现形式。众所周知，在原始人的世界以及神话中，诸多的形象从善与恶、光明与黑暗两方面象征了这两个意象，诸如巫师、预言家、术士、死亡引导人、领袖以及送子娘娘、西比勒[2]、女祭司、圣母教堂、索菲亚[3]，等等。这两个形象具有强大的魅惑力，遇见他们的人如果不懂得意识化，不懂得抵制对他们那故弄玄虚的意象进行认同的诱惑，就会变得自负骄横，成为自大狂。

---

1 这两种原型的表现形式可见彩图 5 和彩图 6。“智慧老人”的面貌展示了古老的、无限的知性和理性，眼睛内翻，神情呆滞，嘴唇紧闭，表现出最高的智慧。这种智慧简直已经与天性融为一体，自己已经变成了天性。胸与肩成了大地，长满青草和苔藓，滋养着鸽子，鸽子是阿芙洛狄忒之鸟，善与爱之鸟。脑后的日轮象征逻各斯原则，手中的水晶玻璃是完整性的象征，指向心理发展的最高目标，即“自性”，因为作为原型的“智慧老人”属于自性中的形象，他代表自性中男性的一半（彩图 5）。

“大母神”，这个包罗万象强硬无情的世界，穿着繁星织就的天衣，金色的果子遮蔽着她，她沐浴在柔和的月光中，悲悯地看着怀中可怜的生灵，她那粗糙的双手紧紧挤压着这个生灵，直至其重伤流血。上下对立造成的撕裂的痛苦以及由此产生的紧张状态说明，人生固然是苦难，但苦难也是作为“自性”象征的新生儿诞生的前提，也是太阳从深不可测的世界之腹中放出光芒的前提（彩图 6）。

我们可以清楚地看见每一种原型形象中内在固有的矛盾对立，这两种形象也不例外。

2 Sibylle，能在迷醉状态预言未来的女预言家，名字最初出现于赫拉克利托斯的著作，之后出现很多版本的西比勒。——译注

3 Sophia，希腊语，意思是“智慧”，是与学识、技艺及策略有关的哲学概念。在诺斯替教的教义中，索菲亚被尊为一个有象征意义的神灵。在基督教的圣徒传说中有圣索菲亚的传说，其中索菲亚是神学三德（即对上帝的三德：有信、有望、有爱）的母亲。——译注

尼采就是一个例子，他完全认同了查拉图斯特拉[1]的形象。

荣格称无意识中的这些原型形象为“超自然人”[2]，超自然的意思就是“影响力强大无比”。一个人拥有超自然的力量，就可以左右他人，但同时他自己也可能变得独断专横、自高自大。意识化超自然人原型的构成内容，“对男性而言，就是第二次并且是真正地摆脱父亲，对女性而言就是摆脱母亲，两者都因而可以第一次感受自己独一无二的个性”[3]。一个人只有发展到这个程度，才能成为真正意义上的“精神上的神之子”。但是他不能使已经扩展了的意识再胀大，否则“意识会无意识化”[4]，而人会因此膨胀。鉴于已经获得了深刻的认识，这样的骄傲并不奇怪，每个人在深度的个性化过程中都会骄傲一段时间，但是由这种认识激活的力量，只有在人学会谦卑地将自己与之分开之后，才能真正地供人使用。

自　性

现在我们离目标不远了。阴暗面得到了意识化，异性成分得到了分化，我们与精神和原始天性的关系得到了澄清，内心本源的双面性得到了承认，精神上的傲慢自大得到了消除，我们深入到无意识领域，将那

---

1 《查拉图斯特拉如是说》（*Also sprach Zarathustra*）是尼采的代表著作，写于 1883 年，尼采在书中假托一位古代波斯的圣者查拉图斯特拉，向其弟子和人们作寓言式的谈话，宣扬他的超人哲学。本书反映了尼采对人生各种问题的看法。——译注

2 一个令人印象深刻的梦中形象，一个“超自然人物”，以同样的性别出现在男性梦中和出现在女性梦中其意义是不同的。如果这个形象是女性，那么出现在男性梦中时，我们可能应该将其解释为阿尼玛形象；而出现在女性梦中就是代表“大母神”。“大母神”本来就属于代表“自性”的“统一性象征”的狭窄范围，男性梦中的“智慧老人”或“永恒少年”形象也是一样的情况。[参见荣格：《柯尔形象的心理学意义》（1941），《荣格全集》第 9 卷 /I，§§ 306—383。]

3 荣格：《自我与无意识的关系》（1928），《荣格全集》第 7 卷，§ 393。

4 荣格：《心理学与炼金术》中的《结语》，《荣格全集》第 12 卷，§ 563。

138 儿的很多东西带到阳光下，我们学会了在无意识的原始世界中找到方向。我们的意识是我们独一无二的个性的载体，而我们的一切无意识内容是我们心理分担的集体共有成分的载体，意识与无意识形成鲜明的对照。这条道路并非毫无风险。无意识内容涌入意识领域，会导致"人格面具"的瓦解和意识引导力量的削减。这是一种心理失衡状态，这种状态是人为造成的，为的是解决妨碍意识进一步发展的困难。这种失衡是有目的的，因为它能借助无意识本能的自主活动产生新的平衡，前提是意识有能力处理和同化从无意识中升起的内容。[1]"战胜集体心理之后才能产生真正的价值，才能征服宝藏、不可战胜的法宝、有魔法的护身符，以及其他神话虚构的值得追求的宝贝。"[2]

通过一个共同的中心将心理的两个分支系统——意识与无意识——从对峙引向结合的原型意象就是自性。它是个性化道路上的最后一站，荣格也将个性化称为"自性形成"。一个人只有找到并整合了这个中心，才能称得上是个"圆满"的人，因为只有这样，他才能解决自己与自己所承担的两种现实——内心现实和外部现实——之间的关系，这是一项极其艰巨的任务，既关乎道德，又关乎认识，恐怕只有中选的人和得到上天赐福的人才能成功完成。

自性的诞生不仅仅意味着意识人格心理中心的搬移，而且意味着人生观和生活态度的彻底改变，这是真正意义上的"转变"。"为了实现这种转变，我们必须聚精会神地关注中心，也就是关注那个发生创造性转变的地方。这时会有动物'咬'我们，也就是说我们会遭受无意识中动物本能的冲击，对于动物本能，我们既不能认同也不能'逃避'。"认同就等于毫无抵抗地听凭动物本能的摆布，而逃避就等于压抑动物本能。而这里要求的是：使动物本能意识化，承认其现实性，这样它的危险性

1 荣格：《自我与无意识的关系》(1928)，《荣格全集》第7卷，§253。

2 同上，§261。

139

就会自动降低，“因为如果在无意识面前逃跑的话，整个过程的努力就白费了。我们必须坚守阵地，认真体验从自我观察开始的整个过程中的所有重要环节，并通过最大程度的理解，将这个过程并入意识，当然这往往会导致几乎无法忍受的紧张，因为意识生活纷乱繁杂，而无意识过程只能在内心最深处得到体验，而不能触及可见的表面生活”。[1] 所以荣格要求，不论内心是怎样的翻江倒海，习惯的日常生活和日常工作一天也不能中断，因为只有经得起紧张的考验，在精神散漫的时候坚持下来，才有可能建立心理新秩序。

大家普遍认为心理发展的最终成果是消除痛苦，但是这种观点大错特错。痛苦和冲突就是生活，我们不能把它们看成“疾病”，它们是每个人人生的天然属性，是幸福的正常对立面。只有当一个人因为软弱、怯懦或愚昧无知而逃离痛苦和冲突的时候，才会引发疾病和情结。我们必须严格地区别压抑和压制，荣格说，“压制是一种道德决定，而压抑是一种摆脱不快体验的不道德倾向。[2] 压制会引起忧愁、痛苦和冲突，但不会引发神经症，神经症始终是合法痛苦的替代物”[3]，神经症归根到底是“非真正的痛苦”，让人觉得没有意义，对生活有害，而如果是“真正的痛苦”，我们总是可以预感其今后的意义和对心理的充实，这样看来，我们也可以认为意识化就是将非真正的痛苦转变成真正的痛苦。

“一个人通过自我认识对自己了解得越透彻，搁置在集体无意识上的那一层个人无意识就越稀薄，这样产生的意识就不再龟缩在小家子气的、个人过敏的自我世界中，而是积极参与广阔的客观世界。这种宽广的意识不再是由个人愿望、担忧、期待组成的一团敏感、自私的乱麻，

1　荣格：《个性化过程中的梦境象征》（1936），《荣格全集》第 12 卷，§186。

2　我们必须正确地理解荣格此话。他说的“不道德倾向”当然不是指有意识的决定。我们知道，人从幼年早期就开始压抑了，在很多情况下，压抑是一种必要的保护机制，并且对文明具有一定的促进作用。荣格看见的是这样的事实：人在早年遇到麻烦时出于软弱容忍这种“保护”，容忍的程度因人而异，这一方面取决于先天的性情，另一方面也受到后天阻止发展的因素的影响。

3　荣格：《心理学与宗教》（1940），《荣格全集》第 11 卷，§129。

140 还有待个人无意识中相反倾向的补偿甚至纠正，这种意识与客观世界紧密结合，将个人置于有约束力的、不能解散的组织之中。”[1]“人格的这种更新是一种主观状态，没有任何外在的标准能证实其存在，所有描述和解释的努力都无法成功，只有亲身经历过的人才能理解和证实其真实性。”[2]就像“幸福”没有任何客观标准可以衡量，但它绝对是真实存在的。“心理学中的一切归根到底都是体验，即便是最抽象的理论也是直接来自于体验。”[3]

自性是“凌驾于意识自我之上的一个单位，它不仅包括意识心理，也包括无意识心理，可以说它是像我们一样的一个个人”[4]。我们知道，无意识过程与意识之间往往是一个补偿关系，这并不等于说它们是“针锋相对”的，因为无意识和意识不一定是相反的，它们相互补充，组成自我。我们可以想象部分的心理，但我们不能想象自性究竟是什么，因

141 为局部不能理解整体。示意图 19 试图表现心理的整体，它将自性置于意识和无意识之间，这样，自性兼顾两者，并把两者都抓进了自己的光晕中，因为“自性不仅是一个中心，而且也是一个范围，其中包括意识和无意识；自性是心理整体的核心，就好像自我是意识核心一样”[5]。这幅示意图的意思是，自性不仅是中心，而且还以其辐射的力量笼罩着整个心理系统。图中也画出了前面说过的心理的各个部分，但是并不要求真实表现其布局，因为很难在一幅图中表现这么复杂的内容，所以本图只是一个提议，指出某些只有有了亲身体会才能正确理解的东西。[6]

---

1 荣格：《自我与无意识的关系》（1928），《荣格全集》第 7 卷，§275。

2 荣格：《个性化过程中的梦境象征》（1936），《荣格全集》第 12 卷，§188。

3 荣格：《无意识心理学》（1943），《荣格全集》第 7 卷，§199。

4 荣格：《自我与无意识的关系》（1928），《荣格全集》第 7 卷，§274。

5 荣格：《个性化过程中的梦境象征》（1936），《荣格全集》第 12 卷，§44。

6 彩图 7 是用彩色铅笔画的图画，也是表现心理整体，这是一位女患者在心理治疗过程中显现的内心意象。蓝鸟象征意识区，火与蛇象征无意识区，中间的小黄圆圈是自性，含有一个白蛋的黑色区域是心理的女性部分，含有一个黑蛋的白色区域是心理的男性部分，自性位于两者之间，环绕周围的是生命之河，联结一切，浸润一切。

示意图 19

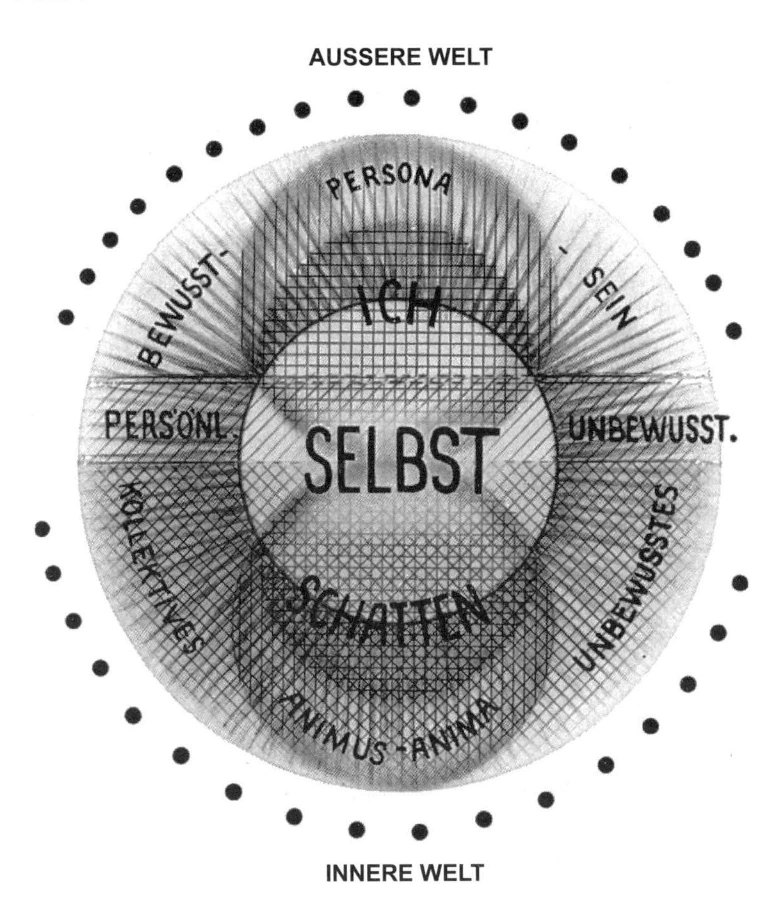

AUSSERE WELT= 外界

SELBST= 自性　　　ICH= 自我

S　CHATTEN= 阴影　　PERSONA= 人格面具

BEWUSSTSEIN= 意识

PERSONL UNBEWUSST= 个人无意识

KOLLEKTIVES UNBEWUSSTES= 集体无意识

ANIMUS-ANIMA= 阿尼姆斯—阿尼玛

INNERE WELT= 内心世界

我们认识的唯一的自性内容是自我。“个性化的自我认为自己是某种未知的更高级别的主体的客体。”[1] 别的我们也说不出什么来了。这方面每一次的努力都会撞击我们认识能力的极限，因为自性只能体验。如果要为其定性，我们只能说：“自性是对内外冲突的某种补偿，它是人生的目的，因为它是某种命中组合的最完整的表现，我们称那种组合为个体，不仅是一个人的个体，而且也是整个群体的个体。在这个群体中，个人之间相互补充，形成完整的意象。”[2] 这个表述也只能是一个提示，让我们知道自性是某种只可意会不可言传的东西。

142

这个自性是我们真正的“中心”，它置身于两个世界之间，被两股我们清楚感知的力量绷紧了。“它离我们这么近，但我们对它很陌生；它就是我们自己，但我们却无从认识它，它是神秘构造的一个潜在中心……我们整个心理生活似乎就发端于这个中心，一切高级的、终极的目标似乎都指向它，这听上去自相矛盾，但是在我们描述某些超出我们理解能力之外的东西的时候，自相矛盾是不可避免的。”[3] “如果自性能成为个体新的重心，那么这个人的痛苦就只停留在下层，而在上层他已经超然于大喜大悲之外了。”[4]

自性只是一个边缘概念，就像康德的“物自体”[5]。自性本身就是一个超验的假设，“这个假设虽然从心理学角度说是合理的，但得不到科学

1 荣格：《自我与无意识的关系》（1928），《荣格全集》第 7 卷，§405。

2 同上，§404。

3 荣格：《自我与无意识的关系》（1928），《荣格全集》第 7 卷，§398。

4 荣格：《评太乙金华宗旨》（1929），《荣格全集》第 13 卷，§67。

5 荣格：《个性化过程中的梦境象征》（1936），《荣格全集》第 12 卷，§247。[物自体是康德的基本概念，指一种存在于人们感觉和认识之外的客观实在。康德把世界区分为现象界和物自体两部分，他认为，人在认识外界事物时，先由这些事物刺激人们的感官而产生杂乱的印象与观念，然后由感性形式与知性范畴加以改造而形成现象界，人只能认识现象界，而物自体是不可知的，它在人类认识的极限之外，只可作为思考的对象。在实践领域，康德的物自体指上帝、自由意志、灵魂这些理性概念，它们作为一种课题、目标和理想，成为道德实践的依据。——译注]

的论证”[1]。它仅用于表达经验发现的过程。[2] 自性指向不能再继续发掘的心理本源，但它同时也是一个值得追求的道德目标，荣格学说要求并导向道德抉择，这是其与众不同之处。自性同时又是一个心理学范畴，是可以体验的，如果我们不用心理学语言，那我们也可以称之为“中心火焰”、我们心中的上帝成分或者埃克哈特大师的“火花”[3]。自性是原始基督教的天国理想，“存在于你们心中”，它是心理可以得到体验的最终的存在。

自性形成

143

荣格把个性化过程作为扩展人格的方法和途径进行了深入的研究，但是这里我们只能介绍一个概要。我们已经看到，所谓个性化过程，就是逐步接近心理整体的内容和功能，并承认这种行动对自我产生的作用，这必然使我们认识到自己天生是什么样，而不是把自己想象成自己喜欢的样子。对于一个人来说，恐怕没有比这更困难的事情了。如果没有特别的心理学知识和心理学技能，没有特别的心理学观点和见解，意识是不可能完成这个过程的。这里要强调的是，荣格是第一个用科学方法认识和描述集体心理现象和体验的人，他说过：“个性化这个术语说明的是无意识中形成个性的集中过程，这个领域还一片漆黑，亟待研究。”[4]

荣格在治疗中以目前的心理状态为出发点，以实现心理的完整性为

1　荣格：《自我与无意识的关系》（1928），《荣格全集》第 7 卷，§405。

2　其他学科中逻辑无法证明的假说也就是起这个作用。

3　Meister Eckhart（1260—1327），中世纪德意志神学家、哲学家、神秘主义者，多明我会修士。他认为每个人的灵魂都分有上帝的本性，故人与上帝可直接相通，当人沉思上帝达到纯净的出神状态时，会出现灵魂的“火花”，在火花中人能直接看到上帝，聆听上帝的训示。——译注

4　荣格：《心理学与炼金术》（1944），《荣格全集》第 12 卷，§564。

目标，考虑和综合了心理一切的可能性，所以相对于以揭示过往根源为主的回溯性方法，荣格有理由将自己的方法称为展望性方法。这种方法是自我认识和自我调整的途径，可以激活道德功能，绝不是仅仅对神经症等疾病有用。疾病确实是让人走上个性化道路的一个诱因，但还有很多人是因为渴望找到生活的意义，渴望重建失落已久的对上帝和对自己的信仰才走上这条道路的。据荣格所说："大约有三分之一的病例在临床上根本不能被确诊为神经症，病人只是精神空虚，觉得生活没有意义。"[1] 但这正是我们这个时代普遍的神经症形式。在这个时代，一切价值观都摇摇欲坠，人类的精神和心灵完全陷入迷惘。在这种情况下，荣格认定的个性化道路就是一种认真的尝试，即激活无意识中的创造力，并有意识地将其纳入心理的整体中，以此应对当今人类的迷惘。个性化意味着将自己从本能冲动的陷阱中"解放出来"，这是一个"违背自然的作品"，主要作用于后半生。

144

通过意识化无意识内容深化和扩展意识，这是"阳光普照"的精神行为，"由于这个原因，大多数的神话英雄都以太阳为标志，他们的伟大人格在诞生的时刻光芒万丈。"[2] 这句话表达的无非是基督教洗礼所象征的含义。荣格说道："基督教洗礼的要求是人类精神发展史上一个意义重大的里程碑。洗礼赋予人真实的灵魂，但并非一次两次魔法般的仪式能做到这一点，而是洗礼的理念能把人类从与世界的原始认同中解脱出来，使人类成为凌驾于世界之上的存在。人类登上这个理念的高峰，从最深刻的意义上说，就是精神人而非自然人的诞生和洗礼。"[3]

对于那种还埋藏在信仰和教义象征中的意识，荣格也没有什么要补充的，而对于那些回归教堂的人，荣格是通过各种途径大力支持的。"我们天生就有基督徒灵魂"，这也是荣格的信念。在自性形成的道路上，

1　荣格：《心理治疗的目标》（1929），《荣格全集》第 16 卷，§83。

2　荣格：《人格的形成》（1934），《荣格全集》第 17 卷，§318。

3　荣格：《原始人类》（1931），《荣格全集》第 10 卷，§136。

如果一个人"对自己所做的一切都懂得其意义……那么他就能成为一个实现了基督象征的更高层面的人"[1]。

自性形成也许首先是寻找意义，塑造特征，从而形成世界观。"更高层面的意识决定世界观，每个人的意识，从根源和意图来说，都是一个世界观的萌芽。经验和认识的增长就意味着世界观发展道路上的进步，一个勤于思考的人为世界勾勒的图画也会改变他自己。有些人的太阳还在绕着地球转，而有些人的地球是太阳的卫星，他们是完全不同的两种人。"[2]

患病的人或只是精神空虚的人往往与他们的问题奋力搏斗，却是徒劳无功。因为"从根本上说，最大、最重要的问题都是无法解决的，这也是必然的，因为这种问题反映了每一个自我调节的系统内在固有的两极对立，它们永远无法得到解决，只能得到覆盖。……个人问题的覆盖表明意识水平的提高，更高远的志趣进入了视野，眼界的拓展使得无法解决的问题失去了紧迫性。问题本身并没有解决，只是有了更强劲的新的生活方向之后，原来的问题就淡化了，它没有受到压抑和无意识化，只是被打上了另一种光线，所以也就跟原来不一样了。在较低层面上足以引起强烈冲突和巨大恐慌的东西，以较高水平的人格看来，就像从高山顶上观看山谷里的雷暴，雷暴还是雷暴，并没有失去其现实性，只是我们现在再也不是置身其中，而是凌驾其上了"[3]。

145

1 荣格：《评太乙金华宗旨》（1929），《荣格全集》第 13 卷，§81。
2 荣格：《分析心理学与世界观》（1931），《荣格全集》第 8 卷，§398。
3 荣格：《评太乙金华宗旨》（1929），《荣格全集》第 13 卷，§§18、17。

统一性象征

将对立双方转变成第三者，即更高层面的综合体，这种“对立统一”的原型形象就是所谓的统一性象征，[1] 它在更高级别的层面上将心理的分支系统统一成为自性。这个过程中所有的象征和原型都是超越功能的载体，[2] 超越功能可以将心理各种成对的矛盾统一到一个综合体中。在心理发展过程中，“如果我们能像体验外部现实一样体验到内部心理的真实性和有效性”，就会出现“统一性象征”。[3] 它可以有各种不同的表现形式，在自我和无意识之间不断地制造平衡。这种象征体现的是心理整体的原始意象，表现形式多少有点抽象，但其中的各个部分总是对称的，各部

1 荣格在《心理类型》第五章中详细描述了这种象征的方方面面，参见荣格 :《心理类型》,《荣格全集》第 6 卷，§§ 318—374。

2 “此处的‘功能’不是指基本功能，而是由其他功能组合而成的复合功能，‘超越’也并无形而上学的性质，而是说明，通过这种功能可以实现从一种倾向到另一种倾向的转变。”（荣格 :《心理类型》,《荣格全集》第 6 卷，§ 833）荣格在《超越功能》一文中对这个概念做了详细的定义和描述。见荣格 :《超越功能》（1916）,《荣格全集》第 8 卷，§§ 131—193。[由于象征是由所有心理功能的数据组成的，所以其性质既不是理性的，也不是非理性的。象征绝不仅仅来自于分化程度最高的精神功能，最低级、最原始的冲动同样是象征的来源，两种对立的状态必须有意识地并肩存在，才能产生共同作用。命题与反命题相互否定，而自我必须一视同仁地参与到对立的双方中，并且明确地承认这一点，这就使得正反双方获得完全平等的权利，于是意志陷入停滞，因为每一种动机都会遭遇同样强烈的反向动机，但是生命永远不能容忍停滞，所以生命能量会产生拥堵，进而造成力比多退行，然后自然形成超越正反双方对立的新的统一性功能。意识的静止会使无意识活跃起来，于是一种由正反双方结合而成的内容就能崭露头角，它对两者都有补偿作用，形成一个中间地带，正反双方的对立在此可以得到统一。如果这种来自无意识的折中表现形式能得到保持，成为正反双方共同加工润色的原材料，它就能发展成统领整个心理态度的全新的内容，消弭分裂，使对立双方的力量都注入共同的河床，于是生命的静止状态得以终结，生命获得新的力量，可以向着新的目标继续前进。上述的整个过程就是“超越功能”（Transzendente Funktion）。——译注，摘译自荣格 :《心理类型》,《荣格全集》第 6 卷，定义中的“Symbol”词条。]

3 托妮・伍尔夫 :《荣格心理学研究》，第 134 页。

分与中心的关系也是对称的，这是它的基本规律和本质。东方人从来就认识这种象征产物，比如曼荼罗，我们最好把它翻译成“魔圈”。这也并不是说，自性的象征就只有曼荼罗的形式。根据一个人的意识水平和心理发展程度，各种大大小小、高高低低、具体的和抽象的创作作品都可以成为自性这个“作用中心”的象征。但如果要象征性地、综合性地表现心理的全貌，那么曼荼罗是最合适、最有表现力的形式。 146

曼荼罗象征

曼荼罗象征属于人类最古老的宗教象征，在旧石器时代就有了。我们在所有的民族和所有的文明中都能发现曼荼罗，甚至贝勃罗印第安人的沙画中也不例外，但东方的，尤其是藏传佛教的曼荼罗也许是艺术上最完美、最有表现力的。（彩图 8 就是一个特别出色的范例。）密宗瑜伽选择曼荼罗图像作为冥想的工具。这些图像的“中心往往是一个宗教地位最高的形象，要么是湿婆，要么是佛陀，所以它们在宗教礼拜仪式中绝对具有非常重要的意义”[1]。我们的中世纪也有很多曼荼罗，圆圈的中心往往是基督，四位福音书作者或他们的象征位于四角。[2] 各种文明对曼荼罗象征的高度重视与个人曼荼罗象征的重要意义是完全匹配的，它们同样也有“形而上”性质。[3] 荣格研究了十四年才敢解释这些象征，而

1 荣格：《心理学与炼金术》（1944），《荣格全集》第 12 卷，§ 125。

2 神秘主义者雅各布・伯麦（Jakob Böhme，1575—1624）的《通神学著作》（阿姆斯特丹，1682）中收录了非常美丽的曼荼罗，彩图 10 就是其中的一幅。图中表现的是造物主创造的罪恶世界，永恒之蛇，即奥罗波若蛇环绕圆周，四大元素是这个世界的标志，罪恶分属不同的元素，整个圆圈的中心是上帝的泪眼，是上帝以仁慈和爱拯救世界的地方，代表圣灵的鸽子象征着通往纯洁天国的途径。

3 荣格：《心理学与炼金术》（1944），《荣格全集》第 12 卷，§ 126。

今这些象征成了最重要的心理体验，他向接受他指导的人打开并传授了这个领域。

曼荼罗独特的象征表现形式处处都显示出同样的规律，图像元素呈现典型的对称排列。所有的图像元素都在一个圆圈或多边形中（往往是四边形），象征“完整”，这些元素都与一个中心发生联系。很多图像元素都是花形、十字形或轮形，其数量明显倾向于四个。“从历史经验看，曼荼罗追求的绝不是稀奇古怪，而是秩序。”[1] 彩图 8[2] 呈现同样的排列秩序：一朵艺术化的八瓣莲花包围着中间的主要形象，圆圈所在之地由四个不同颜色的三角形组成，每个三角形都有一个代表方位的大门，四个三角形组成一个大正方形，外面还有一个圆圈，即“生命之河”包围着这个正方形，这个大圆中包含无数的象征形象，大圆下面是阴曹地府和其中所有的妖魔鬼怪，大圆上面是端坐着的众多天神。

147

彩图 9 的曼荼罗出自 18 世纪，基督作为主要形象置身于一朵双层八瓣花朵的正中央，环绕周围的是一个燃烧着的光环，一个躺倒的十字架将整个图分成四部分，十字架的两条下腿在本能世界的火焰中燃烧着，两条上腿在接受天国的雨露滋润。彩图 11、彩图 12、彩图 13、彩图 14、彩图 18 和彩图 19，都是荣格的患者出于“内心体验”创作的曼荼罗。这些都是即兴创作，没有范本，没有受到外界影响，画中都是同样的母题，同样的排列布局，圆圈、中心、数字 4、母题和颜色的对称分布表现同样的心理规律，[3] 其目的始终是将多种多样的颜色和形式归结到一个

1 荣格：《心理学与炼金术》（1944），《荣格全集》第 12 卷，§331。

2 彩图 8 是一幅色调柔和、极其精致的密教曼荼罗，画在羊皮纸上，属于荣格的私人收藏，可能是 18 世纪初的作品。

3 这种曼荼罗式的图案甚至可能表现在梦中形象的排列布局中。比如在个性化过程的最初阶段，梦中出现第一个“自性”意象时，其形式往往是三个人连同梦者一起围坐在一张圆桌旁，其中两人为男性，两人为女性；或者梦中也可能出现四个女性形象，她们将男性梦者围在中间。第二种情况中的“自性”还掩藏在具有四种特性的整个阿尼玛中（心象），阿尼玛是意识和无意识之间的中转。只有在与阿尼玛的较量差不多结束时，自性的意象才能直观地表现为某种“统一性象征”。

协调的有机整体中。彩图 11 是一个正在做圆周运动的孔雀轮，色彩变幻多端，那许许多多的眼睛象征着心理始终变化不定、始终在活动的成分和特性，中间的眼睛则是焦点。轮子外边是一个由努力挣脱的火舌组成的圆圈，火舌好像在用“燃烧的激情”守护着此处所象征的神秘的自性形成过程，将其与外界隔绝。[1] 彩图 12 表现的是“四臂太阳神”，象征自性中的动态成分，手臂和闪电是“男性特征”，蛾眉月是“女性特征”，五角星象征人的自然性和不完善性，中间的太阳是自性的象征，为“生命之流”所环绕，周边的一切都与这个太阳发生联系。彩图 13 比较抽象，但同样也是将各种不同的线条和形状明确划分后与一个中心联系起来。彩图 14 表现的是上帝之眼用其拥抱世界的光环，突出地强调了四个基本方向。在彩图 18 中，以多种不同颜色的动植物（蓝、红、绿、黄代表四种意识功能）编排在中间四瓣花萼的周围，在绿色的包裹中像花蕾般熟睡的脑袋都指向中心，中心是正在形成的自性，这与周边的实物形成鲜明的对照。在周边，花萼间摇晃的果实代表成熟的成就，准备起飞的鸟儿代表直觉，意味着它们在已经走过的心理发展道路上格外地引人注目。彩图 19 表现的是一个“永恒的面目”之幻象，周围环绕着时间之蛇，即奥罗波若蛇 [2] 以及黄道带。

148

如果把所有这些曼荼罗理解为已经完全实现了的个性的“写照”，是心理成对的矛盾成功统一的反映，那就大错特错了。这还只是一个草案，是与最终的完整目标多少有些接近成功的预备阶段。由于人的局限性，完整永远只能是相对的，它是个意愿目标，坚定不移地追求这个目标是我们的命运，也是我们最崇高的使命。原则上说，整个个性化过程

1　这幅曼荼罗（彩图 11）无论其布局、母题还是整个动态结构都与彩图 10 相似，彩图 10 是雅各布·伯麦根据自己的神秘幻象创作的曼荼罗，而这位画出“无意识意象”的分析对象对伯麦的神秘幻象一无所知。

2　奥罗波若蛇（Ouroboros）是咬着自己尾巴的蛇，代表永恒的循环或一般所说的永恒，在炼金术的传统里，它象征循环往复的过程（蒸发和凝聚，周而复始）。——译注

中都可能出现曼荼罗，如果因为出现了曼荼罗，就断定当事人已经达到一个很高的发展程度，那是错误的。由于心理的自我调节倾向，曼荼罗总是出现在意识领域“混乱无序”的时候，这时需要用它发挥补偿作用。曼荼罗的数学结构简直就是“心理整体原始秩序”的写照，所以被用来将混乱转变为有序，因为这种图画不仅能表现秩序，而且也能导致秩序。东方人默视曼荼罗形式的冥想图像，就是为了在冥想的人心中建立内心秩序。分析对象的个人曼荼罗当然永远不可能像东方曼荼罗那么完美、精致、和谐，东方曼荼罗的和谐是“精雕细琢的和谐”，那已经不是即兴创作，而是炉火纯青的艺术作品了。这里引用个人曼荼罗，只是为了表明它们有相同的心理基础，呈现相同的规律。[1] 它们都是东方人所说的“道”的写照，西方人的任务是统一内外矛盾，了解原始天性的力量，将自己的人格塑造成结构完整的整体，而其中就用得着这个“道”。

149

虽然人们普遍都说不上来自己所画的曼荼罗有什么意义，但还是为之着迷，觉得曼荼罗对自己的心理状态有很强的表现力和影响力。“曼荼罗中隐藏着古老的魔力，因为它就起源于‘保护圈’‘魔圈’，很多民间习俗都保留了这种魔力。这种图像的目的很明确，中心是内心人格的神圣区域，围绕中心开一条沟，以防止‘外泄’，或者用辟邪的手段防止外界的干扰。”[2] 所以，东方人把“金花”放在曼荼罗的中央，西方的患者也同样如此使用，金花也被称为“天宫”“极乐世界”“无边之国”“建立意识和生活的圣坛”。图像的圆形形状象征循环，循环“不是单纯的圆周运动，其意义一方面是隔离神圣区域，另一方面也是专注于中心；日轮开始运转，也就是太阳被激活了，开始顺着轨道行进，换句话说，道开始作用，并取得了主导地位”[3]。道究竟是什么意思，很难一言以蔽之，

1 详见荣格：《评太乙金华宗旨》(1929)，《荣格全集》第13卷，§§ 1—84，以及《东方冥想心理学》(1943)，《荣格全集》第11卷，§§ 945及以后。

2 荣格：《评太乙金华宗旨》(1929)，《荣格全集》第13卷，§ 36。

3 同上，§ 38。

卫礼贤把它翻译成“意义”，有人把它翻译成“道路”，有人甚至把它翻译成“上帝”。“如果我们把‘道’理解成统一分裂事物的方法或意识途径，那么我们也许就接近了这个概念的心理学意义。”[1]

“通过中间道路统一对立矛盾是最重要、最根本的内心体验，可惜由于这方面的文明缺陷，我们的西方精神还没有为之找到一个合适的概念，更别提找到一个可以配得上中国的‘道’的名称了。”[2]心理学上大概其地可以将这种循环定义为“绕着自己转圈”，人格的方方面面都会因此受损。心理学上将这种循环运动与意识体验到的个性化过程同等看待，它永远不能“制造”，只能“被动”体验，也就是说，心理事件是自己发生的。“循环运动也有其道德意义，它能激活人性中一切光明的和黑暗的力量，并激活心理中无论何种形式的正反矛盾，这意味着通过自我孵化获得自我认识。处处圆满的柏拉图式的人符合人类对完人的原始想象,其中所有的对立矛盾,包括性别的对立,都能得到统一。”[3]两性“合体”的图像(彩图 15、彩图 16 和彩图 17)[4]就是两性之间这种结合和统

150

---

1 荣格 :《评太乙金华宗旨》(1929),《荣格全集》第 13 卷，§30。

2 荣格 :《自我与无意识的关系》(1928),《荣格全集》第 7 卷，§327。

3 荣格 :《评太乙金华宗旨》(1929),《荣格全集》第 13 卷，§39。

4 彩图 15 试图表现一种不成功的“合体”。男人和女人的下面欲望部分连成一体，融为一条蛇，而在意识区域，也就是在无意识水面之上，两人却是背对背。太阳是意识光照的象征，他们没有用它来照亮自己，却把它当成沉重的负担背在身上。

彩图 16 以象征形式表现了两性关系，其中的“合体”是创造性的真正的结合。男人和女人无意识的动物性并没有连成不可分割的一体，而是通过“健康之蛇”的象征相互结合，蛇帮助他们举起作为自性象征的宝石。没有宝石，代表他们真正共性的生命之树，永远不能茁壮成长，枝繁叶茂。

彩图 17 取自炼金术著作《哲人的玫瑰园》，表现的是炼金术对“合体”的一个阶段的理解。“国王”与“王后”或者说索尔与卢娜是心理的“男与女”原始矛盾的象征体现。这里的“结合”首先是精神的结合，因为中间的铭带上写着“spiritus est qui unificat”，意为“合二为一的是精神”。不仅如此，而且鸽子也是精神的象征。原始矛盾双方赤裸相向，没有任何习以为常的遮掩，展现了完全真实的本性，两者的不同之处清清楚楚大白于天下。一只鸽子从“上方”降临到两者之间，它是精神的象征，是“结合的纽带”，只有通过鸽子的中介，双方才能实现富有成效的结合。两人手持的枝条呈十字形，鸽子嘴里衔挂的花朵与两根枝条联结，形成生长过程的象征，非常形象地表现了双方共同创造的生气勃勃的“合体”作品。

一的象征，比如湿婆和沙克蒂[1]、索尔和卢娜[2]或者一个雌雄同体的形象，都是这种象征，结合的方式可以是正确的，也可以是错误的。

“意识中的意志不能完成这种象征性的统一，因为意识是一方当事人，另一方是集体无意识，它不懂意识语言，所以它需要有魔力的象征，象征包含质朴的类比，能用自己的语言对无意识说话……其目的是将一次性的当下意识与远古时代的生活联系起来。”[3]曼荼罗象征是从内心深处出现的，这是一种自发的现象，效果却可能是惊人的，它能引导我们解决各种错综复杂的心理问题，使内心人格摆脱各种情感和思想的胡搅蛮缠，由此实现本质的统一，我们有理由把这种统一称为人在超越阶段的重生。

“关于曼荼罗象征，迄今为止我们所知道的就是，它是一种独立的心理事实，其外在表现一直在不断地重复，处处都一样，它就像某种原子，关于这种原子的内部结构和终极意义我们还一无所知。”[4]

个性化过程的类比

151 作为人类共同的心理结构的表现，各种不同文明的曼荼罗在现象上和内容上都呈现出惊人的相似性。不仅如此，作为一种内心发展过程，个性化整个过程本身也可以在人类历史上找到很多类比。从本质上说，荣格的分析心理学向西方人展示的心理转变过程，就是与历史上所有“人

---

1 湿婆是印度教神话主神之一，与梵天、毗湿奴并称三大主神。沙克蒂代表女性力量，化身为无数女神，湿婆之妻帕尔瓦蒂就是其化身。——译注

2 索尔（Sol）是罗马神话中的太阳神，卢娜（Luna）是罗马神话中的月亮女神。——译注

3 荣格：《评太乙金华宗旨》（1929），《荣格全集》第13卷，§§44、45。

4 荣格：《心理学与炼金术》（1944），《荣格全集》第12卷，§249。

为实施的宗教入会仪式相类的自然过程”[1]。只不过入会仪式靠传统的规矩和象征得以生效，而个性化通过自然的象征形成，即自发的心理现象达到目的。许许多多的原始宗教入会方式以及佛教和密教的瑜伽或罗耀拉的神操[2]，都是这方面的例子。当然，所有这些尝试都带着当时的时代和人群的烙印，都受到思想史背景的制约，所以对于当代的意义仅限于历史性的和结构性的类比。这些尝试不能直接移用到现代人身上，与荣格的个性化构想也只能就其基本特征进行比较，最重要的区别在于，这些尝试本身就有宗教活动的性质，其目的在于将人引入其所代表的特定的世界观，而在荣格的方法中，个性化过程是为个人在精神、道德、宗教的归属“开路”的。归属必须是开路的结果而非内容，而且必须由个人有意识地自由选择并加以实现。

在这方面的研究中，荣格在中世纪神秘哲学即炼金术中找到了特别富有启发性的类比。尽管炼金术和个性化过程的思想背景、时代背景和环境背景完全不同，所以所走的道路也大相径庭，但两者都是尝试让人形成自性。荣格将象征形成的过程和心理内容的转变能力称为“超越功能”，同样的超越功能“也是中世纪哲学最崇高的研究课题，通过著名的炼金术的象征意义得到表现”[3]。如果我们以为炼金术的思潮就只是围着蒸馏罐和熔炉转，那就大错特错了。荣格甚至把炼金术称为“现代哲学的预备阶段”。当然这种哲学“不可避免地将粗糙不发达的思想具体化，所以没有渗透到心理学的表达中，但它的‘秘密’也是通过贵重物质和非贵重物质、分化功能和劣势功能、意识和无意识的混合与结合实现人格的转变，这与个性化过程没什么两样”[4]。炼金术中最重要的可能

152

1 荣格：《对〈西藏度亡经〉的心理学评论》(1939)，《荣格全集》第 11 卷，§854。

2 罗耀拉（Ignatius de Loyola，约 1491—1556），西班牙神学家，天主教耶稣会创始人。1530—1534 年著《神操》一书，创立耶稣会，1540 年为罗马教皇正式批准传教，耶稣会会士以《神操》自修，自修时默想人生的义务与基督的使命。——译注

3 荣格：《自我与无意识的关系》(1928)，《荣格全集》第 7 卷，§360。

4 同上，§§361、360。

并不是化学实验，而是某种用伪心理学语言表达出来的心理过程，而它所追求的金子也不是普通的金子，而是哲学之金，甚至是神奇石、“隐身石”[1]“解毒药”“红色药剂”“长生不老药”，等等。

这种“金子”的名称不计其数，有时它也是一个神秘的形象，有身体，有灵魂，有头脑，插着翅膀，雌雄同体，它就是东方人称为“金刚不坏之身”或“金花”的那种象征，只是表现形象不同罢了。“对应于那个年代的集体精神生活，主要是被囚禁在黑暗中的精神的意象，也就是得不到解脱的下意识的不愉快状态，在物质的镜子里得到认识，并通过物质得到处理。”[2]炼金使用的原始物质“第一原质”的混乱无序，代表着无意识中的混乱无序，通过分拣、蒸馏、不断进行化合，最后从中产生的是精微体、再生体，是金子。

炼金术士们认为，没有上帝的仁慈就做不出金子来，因为上帝本人就在其中显圣。诺斯替教认为，发光人是永恒光的一星微光，而永恒光落入了物质的黑暗之中，必须得到拯救。这个过程的结果可以获得“统一性象征”的意义，这种象征几乎总是带有圣秘性质。用荣格的话说：“基督教的作品是需要拯救的人为了向救世的上帝表示敬意而创作的，而炼金术的作品就是拯救者拯救沉睡在物质中盼救的世界灵魂的努力。”[3]只有这样才能理解，炼金术士可能将自己的心理转变过程投射给化学物质，并通过化学物质体验这一过程。只有掌握了这个关键，我们才能从那些神秘的文字和过程中读懂那深奥的、费解的、可能还是故作晦涩的深层含义。[4]

153

像炼金术一样，各种形式的瑜伽也是努力获得内心的“解放”，达

1 荣格：《心理学与炼金术》（1944），《荣格全集》第12卷，§343。

2 同上，§557。

3 同上。

4 赫伯特·西尔贝雷（Herbert Silberer）很早就在他的《神秘主义及其象征表现的问题》（维也纳海勒出版社，1914）一书中指出了炼金术与现代深度心理学，尤其是荣格分析心理学之间的相似之处。

到“摆脱客体”的境界，印度人称之为“解脱矛盾”。炼金术士通过化学过程象征性地表现并体验心理转变，而瑜伽练习者是通过身体和心理的有意识练习使心理直接受到影响，从而发生转变。瑜伽练习的各个阶段都有严格规定，要求注意力高度集中，最终的目的是“象征性地产生一个心理精微体，保证意识自由地延续，这样产生的是精神人”[1]，是佛，象征精神的永存，而肉体的存在是短暂的。在这里，“直视现实”，看透矛盾的世界，也是获得统一和完整的前提。甚至瑜伽的观念和阶段的顺序也与炼金术和个性化过程类似，这再一次证明了心理的基本规律是永远不变、处处一样的。

炼金术创造的“作品”和东方人用来“制造”佛的精神工具“想象”，都是基于同样的“积极想象”，积极想象也引导荣格的患者获得同样的象征体验，并进而体验自己的“中心”，即自性。积极想象与普通意义上的幻想毫无关系，它需要真正意义上的想象力，而幻想只是胡思乱想产生的“念头”。[2] 积极想象就是主动招来内心意象，这是真正的想象工作或思考工作，“不是无计划、无目的、无边无际的胡思乱想，不是想着玩，而是努力用想象忠实复制内心的天然实情”[3]。这种想象就是要激活最深层的心理本源，促使象征上升，以获得象征的创造性影响和治疗作用。炼金术通过化学物质获得体验，瑜伽和罗耀拉的神操通过严格规定的练习达到目的，而荣格心理学引导人们有意识地下降到自己的内心深处，认识其中的内容，并将其整合到意识中。这些过程“都很神秘”，荣格说：“要理解和表达这些过程，人类理智是否为合适的工具，这还是个问题。炼金术也并非无缘无故就自称是‘艺术’，它感觉那是只可意会的塑造过程，用语言只能给个名称。”[4]

154

1 荣格：《评太乙金华宗旨》（1929），《荣格全集》第 13 卷，§ 69。

2 所以我们必须区分“积极想象”和“被动想象”，白日梦就可以被视作“被动想象”。

3 荣格：《心理学与炼金术》（1944），《荣格全集》第 12 卷，§ 219。

4 同上，§ 564。

荣格的话说明，在我们的精神视野中早就存在对心理学最重要的知识之直觉和预拟，我们却一直没有加以重视，很多人还把这种知识通过各种途径与迷信联系在一起。千百年来，人类心理的基本现实几乎没有明显的改变，两千年前的真相至今也还是真相，也就是说，至今还有效，还有生命力。[1]如果要一一陈述人类为达到这个目的所做的所有努力，所走过的所有道路，那将大大超出本书的篇幅，所以我在这里提请大家注意荣格自己的很多详尽著述，[2]同时重复荣格的合理警告，他说过，模仿炼金术或者让一个西方人练习瑜伽，那都是很危险的，虽然那是他自己的意志决定的事情，但他的神经症只会因此更加恶化。因为欧洲人的背景完全不一样，不可能为了接受东方的生活方式和思维方式，就轻易忘记庞大的知识储备和西方的思想观念。“扩展我们自己的意识也不能以损害别人的意识为代价，而应该发展我们的心理与别人的心理特征相似的元素，就像东方人缺了我们西方的技术、科学和工业也不行。”[3]“东

155

1 也可参见 C. A. 迈尔：《古代的宿庙求梦与现代的心理治疗》，苏黎世拉舍尔出版社，1948 年。

2 这里推荐一些荣格的有关著述：

《对〈西藏度亡经〉的心理学评论》(1939)，《荣格全集》第 11 卷，§§ 831—858。

《评太乙金华宗旨》(1929)，《荣格全集》第 13 卷，§§ 1—84。

《瑜伽与西方》(1936)，《荣格全集》第 11 卷，§§ 859—876。

《左西莫斯的意象》(1938)，《荣格全集》第 13 卷，§§ 85—144。

《铃木大拙〈大自在：佛教禅学入门〉序言》(1939)，《荣格全集》第 11 卷，§§ 877—907。

《东方冥想心理学》(1943)，《荣格全集》第 11 卷，§§ 908—949。

《心理学与炼金术》(1944)，《荣格全集》第 12 卷。

《移情心理学》(1946)，《荣格全集》第 16 卷，§§ 353—539。

《无意识形象》，苏黎世拉舍尔出版社，1950 年。

《荣格〈无意识形象〉前言》(1950)，《荣格全集》第 18 卷 /II，§§ 1245—1247。

《心理学与文学》(1930)，《荣格全集》第 15 卷，§§ 133—162。

《关于重生》(1940)，《荣格全集》第 9 卷 /I，§§ 199—258。

《个性化过程的个案研究》(1934)，《荣格全集》第 9 卷 /I，§§ 525—626。

《关于曼荼罗象征》(1938)，《荣格全集》第 9 卷 /I，§§ 627—712。

《爱翁》(1951)，《荣格全集》第 9 卷 /II。

《对立统一的秘密》，《荣格全集》第 14 卷 /I (1955) 和 II (1956)。

《现代神话：天现神物》(1958)，《荣格全集》第 10 卷，§§ 589—824。

3 荣格：《评太乙金华宗旨》(1929)，《荣格全集》第 13 卷，§ 84。

方人以对外部世界的无知，换取了对内部事物的认识。”[1]而西方人走的是另外一条道路，正是在“大规模拓展的历史和科学知识的支持下，我们才能担负起心理研究的使命。虽然眼下外界知识还是内省的最大障碍，但是内心的急迫将战胜一切”[2]。

如果我们承认内心的现实性，虽然理性不是体验的工具，但我们可以动用远古以来保存至今的工具去加以体验。[3]为了照亮内心的宇宙，人类不断地寻找并找到了新的道路。这些道路一条接着一条，尽管有时人类似乎厌烦了这样的辛苦，在黑暗中再也找不到新的道路，但如果我们仔细地观察，就会发现其间并无停滞，迄今所发生的一切，只不过是“一部戏剧中意义重大的环节，这部戏剧始于远古时代，经过千百年的演绎，一直要持续到遥远的未来。这部戏剧名为《曙光乍现》[4]：**人类的意识提升**”[5]。

分析心理学与宗教

荣格心理学向西方人展示了人们心理永不停歇的变化过程，这只是“人类意识发展过程中的一个阶段，人类意识正向着未知的目标走去。荣格心理学不是普通意义上的形而上学，它只是实实在在的心理学，可以体验，可以理解”[6]。

1　荣格：《评太乙金华宗旨》(1929)，《荣格全集》第 13 卷，§63。

2　同上。

3　参见荣格：《心理学与炼金术》(1944)，《荣格全集》第 12 卷，§564。

4　*Aurora Consurgens*，15 世纪时的一部关于炼金术的名著，以书中的 38 幅水彩画著称于世。其作者尚有争议。——译注

5　荣格：《心理学与炼金术》(1944)，《荣格全集》第 12 卷，§556。

6　荣格：《评太乙金华宗旨》(1929)，《荣格全集》第 13 卷，§82。

荣格满足于研究人们心理可以体验到的东西，他的学说拒绝形而上的观点，但这并不意味着他质疑信仰，或者他质疑对更高权威的信任。“一切超验性的言论都应该严格避免，因为那只是不知天高地厚的人类精神的狂妄表现。如果一种心理活动或心理状态被称为上帝或道，那么这说的只是可知的东西，而不是不可知的东西，对于不可知的东西也没什么可说的。”[1] 心理学家荣格说道，“上帝是一个原型”，他指的是“内心的模型，模型是铸造出来的，原型这个词本身就是以压铸性为前提的。……心理学作为经验科学，其能力只能根据比较研究的结果确定内心的‘模型’能否被称为‘上帝意象’，至于上帝的存在，不论是积极的说法还是消极的说法，都超出了心理学的能力所及，就好像‘英雄’原型也不能证明英雄的存在。……正如眼睛像太阳，内心也像上帝，无论如何，内心必须与上帝的本质有一定的关系，有一定的相似性，否则不能发生关联。用心理学的话来说，这种相似性就是上帝意象的原型”。[2] 在这件事上心理学说不出更多的了，也不应该说得更多。

156

“按照宗教观点，原型具有烙印的作用，而按照科学观点，原型是某种未知的和不可理解的内容的象征。”[3] 在人类心理的镜子中，我们只能通过人类局限性的“折射”隐约感知绝对性，而永远无法认识绝对性的真正本质。感知绝对性是心理内在固有的能力，但是心理只能用可觉察、可体验的摹写表达自己的感知，而这种摹本永远只能证明人性，却证明不了超越人性的东西，也就是神性，心理永远不能充分表现神性。

宗教信仰是一种天赐的福祉，谁也不能将信仰强加于人，心理治疗师也不例外。“宗教是‘正大光明’的治疗方法，宗教观点是前意识知识的产物，前意识知识总是通过象征表现出来，尽管我们凭理性不

1 荣格：《评太乙金华宗旨》(1929)，《荣格全集》第13卷，§82。

2 荣格：《心理学与炼金术》(1944)，《荣格全集》第12卷，§§15、11。

3 同上，§20。

能理解这些象征，但它们还是有作用的，因为无意识承认它们是全部心理事实的表现。所以，如果有信仰，信仰就足够了。但是理性意识的每一次扩展和加强，都会使我们离象征源泉越来越远，并且意识的力量优势妨碍我们理解象征。这就是今天的形势，我们不能把车轮转回去，拼命相信‘明知不存在、不正确的东西’，但我们可以从中理解象征的真正含义。通过这种方式，不仅宝贵的文化财富得以保存，而且我们还开辟了一条通往旧日真实的新途径。由于奇特的象征意义，旧日的真实已经从我们的时代消失了。……今天的人们缺乏能帮助他们获得信仰的理解。”[1]

157

荣格太知道对于“灌输”的学说不假思索全盘接受会有什么样的害处，太知道只有自然生长的东西才能焕发出勃勃生机，而嫁接的不行，所以他逼迫那些接受他指导的人自己拿主意，自己承担责任。他拒绝通过规定他们接受什么样的观点来减轻他们的任务。教徒在体验内心深处象征的内容时会发现一些永恒的规律，这些规律千百次向他证明上帝在他心中的作用，并不断地向他指出，上帝是按照自己的样子造人的；而没有信仰的人，他要么是不愿意信仰，要么虽然渴望信仰，却没有相应的知识帮助他获得信仰。他在通往内心的道路上，至少可以获得真实的体验，可以体验到自己存在的永恒基础，通过这样一番奋斗，也许最终他会获得超强的信仰能力。

走过这条路的人都知道，这种体验是难以言表的，只有历朝历代的神秘主义者和入教人士获赠的巨大震撼可与之比拟。我们通过个性化过程获得的不是背离信仰本质的、人为臆造的知识，而是真实有效且不可动摇的体验。荣格学说作为一种严格建立在经验和现象基础之上的科学学说能够做到这一点，这本身就预告了应用心理学新时代的到来。

1　荣格：《三位一体教义的心理学试解》（1942），《荣格全集》第 11 卷，§293。

转变与成熟

158　走“中间道路”是成熟者的使命，个体在不同的年龄段会有不同的心理状况。在生命之初，他必须千方百计摆脱完全处于集体无意识的幼年状态，析出并勾画自己的自我，他必须在现实生活中站稳脚跟，首先完成生活赋予他的任务：性、职业、婚姻、繁衍后代、各种各样的关系。最重要的是，他必须尽可能分化天生的优势功能，以获得站稳脚跟，适应外界的利器。只有在圆满完成前半生的任务之后，才能在适应外界的同时，开始体验和适应自己的内心。在面向外界建立并巩固了人格倾向之后，心理能量就可以转向之前未受重视的内心现实，使生活走向真正的圆满。“人生有两个目标：第一个是自然目标，即生儿育女和一切世俗事务，其中也包括挣钱和赢得社会地位。这个目标达到以后，就开始进入另一个阶段：文化目标。”[1]“这个精神目标超越了自然人及其世俗存在，指向远处，这是心理健康必需的目标，因为它是阿基米德支点，只有从这个支点出发才能改造世界，才能把人的自然状态转变为文化状态。”[2]

实现人格的完整性是人的终生任务。从最深刻的意义上说，这是在为死亡做准备。死亡并不比出生次要，死亡像出生一样也是生命不可分割的成分。如果我们对自然的理解正确的话，是它用拥抱保护了我们。我们年龄越大，外界就变得越灰暗，我们不断地损失声色欢乐，而内心

159　世界对我们的呼唤和吸引越来越强烈。老年人会越来越接近与集体心理

1　荣格：《无意识心理学》（1943），《荣格全集》第 7 卷，§ 114。

2　荣格：《分析心理学与教育》（1926），《荣格全集》第 17 卷，§ 159。

相互交融的状态，而那是他在孩提时代辛辛苦苦奋力摆脱的状态，于是人生的循环就合上了，首尾两端恰好重合，这就是咬着自己尾巴的奥罗波若蛇的古老象征所显现的含义。

这个任务完成后，死亡就失去了恐怖性，就可以被纳入生活之中。但是有很多人前半生的任务就没有完成——无数幼稚的成年人都可以证明这个现象——所以只有很少数的人能够通过自性形成使自己的人生尽善尽美。正是这少数人成了文化的创造者，文化不同于文明，文明总是理性和才智的产物，而文化是由精神产生的，才智完全扎根于意识，而精神不然，它还包含、塑造、控制所有的无意识层面，即原始天性。历史条件、出身和时代精神也都参与决定人的心理状况，近几百年来才智的过度分化，使得西方人的本能直觉日渐萎缩，如今科技的发展令人眼花缭乱，又远远超出了他们的心理承受能力，致使他们几乎完全失去了与无意识的自然联系，这成了西方人的特殊命运。所以他们现在就像波涛汹涌的无意识大海中的芦苇一样，来回地剧烈摇晃，甚至从最近发生的令人惊骇的事件看来，他们已经被风浪吞没了。"只要集体是个人的堆积，那么集体问题也就是个人问题的堆积。一部分认同上层人，不肯纡尊降贵；另一部分认同下层人，拼命想浮上表面，这种问题不是立法和要手腕能解决的，只有大范围的观念改变才能解决问题。而观念的改变不能靠宣传煽动和群众集会，更不能靠暴力，而要从个人的改变开始，表现在个人的好恶、个人的世界观以及价值观，只有将个人的改变汇集起来，才能解决集体问题。"[1] 160

自性形成不是时髦的试验，而是个人所面临的最艰巨的任务。**对自己而言**，自性形成意味着自己在客观心理的原始天性中的固着能力以及不可摧毁的永恒性，这使得个人再次进入永恒的水流中，其中出生与死亡只是两个站点，生命的意义再也不是仅限于自我。**对他人而言**，自性

1　荣格：《心理学与宗教》(1940)，《荣格全集》第11卷，§134。

形成能使人变得宽容和善良，只有看透并有意识体验了自己内心最深处的人才能与人为善。对于集体而言，自性形成的特殊价值在于能造就有责任心的人，这样的人，从对心理整体的个人体验中知道，每个人对集体都负有不可推卸的义务。

责任在个人

荣格学说虽然与我们生存的基本问题有着内在联系，但它既不是宗教也不是哲学，它科学地总结和表述了心理整体中可体验的一切。正如生物学是关于生命有机体的科学，荣格心理学也力求成为关于心理有机体的科学，而心理从来都是人类用于创造并体验宗教与哲学的工具和装备。心理不仅能帮助人类不假思索地接受现成的传统世界观，而且个人还能使用这个工具打造自己的世界观。正是在今天这个集体精神至上而个人精神一钱不值的时代，荣格学说可以给我们以安慰和支持，它呼吁我们完成有史以来最艰巨的使命：在兼涉个体和集体的完整人格中消弭两者的对立。

在西方世界，我们的理性，即我们片面分化的意识战胜了我们的本能天性，取得了绝对的优势地位，这种优势表现在高度发达的文明中，

161 也表现在攻无不克却与人的内心失去了一切联系的科学技术中，要想补救这个问题，我们必须求助于我们内心永恒本源的创造力，将其提升到理性的高度，恢复其应有的权利。荣格说："这种转变只能从个人开始。"[1]因为每一个集体都是个体成员的总和，所以它总是带有个体心理状况的烙印。如果经过转变的个体作为"与上帝相似的形象"能够深刻认识到

1 荣格：《心理学与炼金术》（1944），《荣格全集》第12卷，§563。

自己的道德责任，那么如荣格所说，他就能成为“一个既才识过人又意志过人的人”[1]，而不是一个目空一切的超人！

所以，未来文化发展的任务与责任都将落在个人身上。

1　荣格：《自我与无意识的关系》（1928），《荣格全集》第7卷，§396。

荣格传略

162　卡尔·古斯塔夫·荣格于1875年7月26日出生于瑞士克什维尔（图尔高州），从4岁起与父母一起生活在母亲的故乡巴塞尔，他父亲的家族来自德国，1822年他的祖父在亚历山大·洪堡的帮助下，获得了巴塞尔大学的外科医学教授职位，从此才迁居瑞士。荣格的父亲是个牧师，他父母双方的先人都属于知识阶层。荣格在家乡巴塞尔读完了中学，并从大学医学专业毕了业，1900年开始在州立精神病院及苏黎世大学精神病诊所担任助理医师，从此走上精神病医生的职业道路，后来还做过四年主治医生。1902年他在巴黎沙普提厄医院师从皮埃尔·雅内听了一学期课，进一步提升了自己的精神病理学理论知识，接着在当时苏黎世布勒霍尔兹利精神病医院院长E.布洛伊勒的指导下，进行了大量的学术研究。作为这一阶段的工作成果，他发表了一系列重要论文，其中他所创立的“语词联想试验”方法（发表于1904年），为他奠定了世界性的声誉。很多国家邀请他前去讲学，美国马萨诸塞州克拉克大学还因此授予他名誉博士学位。1905年他成为苏黎世大学精神病学讲师，1909年他放弃了精神病诊所的职位，从此专心致志于心理治疗师的工作以及学术研究和著书立说。1903年荣格与埃玛·罗森巴赫结婚，她对荣格的工作给予了忠实而可贵的帮助，直至她1955年离世。荣格夫妇育有一子四女，他们皆已成家，子孙满堂。

1907年荣格与弗洛伊德首次会面，从此他开始深入钻研精神分析学说，并从中为自己迄今在实验心理病理学领域所取得的成果找到了印证。此后一段时间，他们两人频繁进行思想交流和学术交流，互相支持和促进，其间荣格成为布洛伊勒—弗洛伊德《心理学与心理病理学研究年鉴》的编辑，后来（1911年）又出任他自己创立的“国际精神分析协会”主席一职，该协会旨在联合所有深度心理学学派的心理医师和研究者，积极开展学术活动。1912年荣格的《力比多的转化与象征》一书出版，此书辨析了弗洛伊德学说，从中显示荣格理论已经有了偏离弗洛伊德思想的势头，1913年荣格最终与弗洛伊德及其精神分析学派分道扬镳。从那以后，荣格将自己的学说定名为“分析心理学”。后来又将纯粹理论的部分称为“复合心理学”（Komplexe Psychologie），但是现在为了便于外语的表达，他的学生们普遍只用“分析心理学”的名称，在德语中也一样。自1913年起，荣格放弃了大学中的教职，越来越专注于研究无意识的结构和现象以及整个心理行为的问题，在他的著作《心理类型》（1920年）中，我们可以看到他在这方面最初形成的基本观点。很快地，他的其他著述也相继问世，其中有论述关于集体无意识的性质及其与意识的关系的著作，也有些论述是关于使得人的心理天生存在的“完整性”得以实现的心理发展过程，即阐述“个性化过程”的本质与形式的著作，这些著述开辟了心理研究全新的领域。

163

荣格研究了无意识及其现象学之后，很快便决定出门远行，去直接接触土著人，以便研究他们的心理。于是，他在北非（1921年）以及美国亚利桑那州和新墨西哥州的贝勃罗印第安人聚居地（1924/1925年）度过了相当长的一段时间，次年（1926年）又远赴肯尼亚（英属东非）埃尔贡火山的南麓和西麓，考察那儿的土著居民。鉴于现代欧洲人的无意识内容与原始心理的某些现象之间惊人的相似性，荣格进一步强化加深了人种学和宗教心理学的研究。

荣格还将注意力转向远东哲学和宗教的象征表现，并从中汲取了丰富的养分，用于进一步发展自己的理论。这方面最重要的举动是与卫礼贤（1930 年去世）合作，卫礼贤当时是法兰克福中国学社的社长，他翻译和解释了几乎所有的中国哲学和文学名著，1930 年荣格与卫礼贤联手出版了古老的道家经典《太乙金华宗旨》。数年之后，荣格又与德国的印度语言文化学家海因里希·季默（1943 年去世）合作，他以《通往自性的道路》为题编辑出版了季默的最后一部著作（1944 年）。此外，他还与匈牙利语文学家和神话研究者卡尔·凯雷尼合著了《神之子》和《神之女》(《神话本质入门》，1941 年，阿姆斯特丹出版）。

164

除了从事心理治疗师的繁重工作之外，荣格还应多所大学和各种会议之邀前去演讲，并曾前往福特汉大学、克拉克大学、耶鲁大学等多所美国大学做客，1936 年哈佛大学在三百周年校庆之际，向一批健在的知名科学家颁发名誉博士学位，其中也包括荣格。此后他还获得了几个名誉博士学位。1937 年，应加尔各答大学二十周年校庆主办方的邀请，荣格远赴印度，贝拿勒斯的印度大学和安拉阿巴德的穆斯林大学授予他文学博士学位，而加尔各答大学授予他科学博士学位。1938 年他获得英国牛津大学科学博士学位，并成为英国皇家医学会会员。

荣格卓越的学术成就、开阔的视野、频繁的游历考察，以及他对一切精神交流的开放襟怀，使他很快成为世界深度心理学研究领域的领军人物。1930 年他成为“德国心理治疗医师协会”名誉主席，1933 年他出任“世界心理治疗医师协会”主席，同时他还是《心理治疗及其相关学科文摘》的编辑，直至 1939 年辞职。同年（1933 年）他再次在苏黎世联邦理工学院（ETH）开授选修课，1935 年成为名誉教授。自 1935 年起，他一直担任他自己在苏黎世创立的“瑞士实用心理学协会”主席。1942 年，出于健康原因，他辞去了 ETH 的教学工作，但是 1944 年他不顾繁忙，又接受了他家乡巴塞尔大学的聘任，成为专为他开设的医学

165

心理学专业的教席教授，一年后他因为生病，不得不放弃这个工作。从此以后，他就专事学术研究和著书立说，也不再从事医生的临床诊治工作。

在最后的二十年中，他完成了一系列重要的学术著作，特别是在与心理学相关的炼金术以及宗教心理学比较方面，他的贡献尤为卓著，他为这两个领域开辟了全新的视角，注入了心理学的解释。

第二次世界大战之后，荣格将注意力转向心理的个性化过程及其象征表现，其间写下了很多重要著述，比如探索象征史的《爱翁》以及两卷本《对立统一的秘密》。对于心理玄学的广阔领域，荣格在他的博士论文中就已经表现出特别的关注，此时他又重拾旧日的兴趣，通过独立自主的研究，他为这个领域创立了新的观点和解释原则。

在他的祖国授予他的荣誉中，值得一提的是苏黎世城市文学奖（1932 年）、“瑞士医学会”名誉会员资格（1943 年）、1945 年日内瓦大学在他 70 岁生日时颁发给他的荣誉博士学位以及 1955 年苏黎世联邦理工学院在他 80 岁生日时颁发给他的荣誉博士学位。

到了晚年，荣格对人类的集体问题也越来越感兴趣，流传甚广的《现在与未来》就是一个很好的证明。在生命的最后几年中，他还抽出时间与他的学生安妮拉·雅菲女士合作撰写他的自传《回忆·梦·反思》。166
1961 年 6 月 6 日，荣格走完了忙碌充实的一生，因病逝世。

荣格一生著作等身，大大小小的著述总共超过 120 篇。他的开拓性研究不仅为无意识心理学开辟了全新的道路，而且触及其他许多领域，为这些领域注入了新的活力。

几乎所有的欧洲语言以及一些非欧洲语言都有荣格著作的译本，即便是在一些看上去与心理学距离非常遥远的领域，荣格著作的读者也越来越多。德语版《荣格全集》共 18 卷，英国和美国出版的英语版全集同样也是 18 卷。

人名索引

名词术语索引

荣格德语著述目录

1902

1. *Zur Psychologie und Pathologie sogenannter occulter Phänomene.* Eine psychiatrische Studie. Oswald Mutze, Leipzig. [GW 1, 1966].
2. »Ein Fall von hysterischem Stupor bei einer Untersuchungsgefangenen«. Journal für Psychologie und Neurologie, Bd. 1, Heft 3. [GW 1, 1966].

1903

3. »Über manische Verstimmung«. Allgem. Zeitschrift Psychiatrie und psychisch-gerichtliche Medizin, Bd. 61, Heft 1. [GW 1, 1966].
4. »Über Simulation von Geistesstörung«. Journal für Psychologie und Neurologie, Bd. 2, Heft 5. [GW 1, 1966].

1904

5. »Ärztliches Gutachten über einen Fall von simulierter geistiger Störung«. Schweizerische Zeitschrift für Strafrecht, Bd. 17. [GW 1, 1966].
6. C. G. Jung und F. Riklin: »Experimentelle Untersuchungen über Assoziationen Gesunder«. Journal für Psychologie und Neurologie, Bd. 3, Heft 1–2, 4–6, Bd. 4, Heft 1–2 (Siehe Nr. 19/1).
7. »Über hysterisches Verlesen«. Archiv für die gesamte Psychologie, Bd. 3, Heft 4. [GW 1, 1966].

1905

8. »Kryptomnesie«. Die Zukunft, Jg. 13, Bd. 50. [GW 1, 1966].
9. »Analyse der Assoziationen eines Epileptikers«. Journal für Psychologie und Neurologie, Bd. 5, Heft 2 (Siehe Nr. 19/2).
10. »Über das Verhalten der Reaktionszeit beim Assoziationsexperiment«. Journal für Psychologie und Neurologie, Bd. 6, Heft 1. (Siehe Nr. 19/3).
11. »Experimentelle Beobachtungen über das Erinnerungsvermögen«. Zentralblatt für Nervenheilkunde und Psychiatrie, Bd.12, Nr.196. [GW2,1979].
12. »Zur psychologischen Tatbestandsdiagnostik«. Zentralblatt für Nervenheilkunde und Psychiatrie, Bd. 12, Nr. 200. [GW 1, 1966].

13. »Psychoanalyse und Assoziationsexperiment«. Journal für Psychologie und Neurologie, Bd. 7, Heft 1–2; erschienen auch in Schweizerische Zeitschrift für Strafrecht, Bd. 18. (Siehe Nr. 19/4).

1906

14. »Obergutachten über zwei sich widersprechende psychiatrische Gutachten«. Aschaffenburgs Monatsschrift für Kriminalpsychologie und Strafrechtsreform, Bd. 2, Heft 11–12. [GW 1, 1966].
15. »Die psychologische Diagnose des Tatbestandes«. Juristisch-psychiatrische Grenzfragen, Bd. 4, Heft 2. Karl Marhold, Halle 1906. Rascher, Zürich 1941. [GW 2, 1979].
16. »Assoziation, Traum und hysterisches Symptom«. Journal für Psychologie und Neurologie, Bd. 8, Heft 1–2. (Siehe Nr. 31/1).
17. »Die psychopathologische Bedeutung des Assoziationsexperimentes«. Archiv für Kriminalanthropologie und Kriminalistik, Bd. 22, Heft 2–3. [GW 2, 1979]
18. »Die Hysterielehre Freuds«. Eine Erwiderung auf die Aschaffenburgsche Kritik. Münchner medizinische Wochenschrift, Bd. 53, Heft 47. [GW 4, 1969].
19. *Diagnostische Assoziationsstudien*. Beiträge zur experimentellen Psychopathologie. Bd. 1. Barth, Leipzig. 2. Aufl. 1911; 3. Aufl. 1915.
    1. Experimentelle Untersuchungen über Assoziationen Gesunder. (Mit F. Riklin). [GW 2, 1979]. (Siehe Nr. 6).
    2. Analyse der Assoziationen eines Epileptikers. [GW 2, 1979]. (Siehe Nr. 9).
    3. Über das Verhalten der Reaktionszeit beim Assoziationsexperiment. [GW 2, 1979]. (Siehe Nr. 10).
    4. Psychoanalyse und Assoziationsexperiment. [GW 2, 1979]. (Siehe Nr. 13).
20. »Statistisches von der Rekrutenaushebung«. Correspondenz-Blatt für Schweizer Ärzte, Bd. 36, Heft 4. [GW 2, 1979].

1907

21. *Über die Psychologie der Dementia praecox.* Ein Versuch. Karl Marhold, Halle. [GW 3, 1968].
22. »Über die Reproduktionsstörungen beim Assoziationsexperiment«. Journal für Psychologie und Neurologie, Bd. 9, Heft 4. (Siehe Nr. 31/2).
23. »Über die psychophysischen Begleiterscheinungen im Assoziations-experiment«. Journal of Abnormal Psychology, Bd. 1, S. 247–55. [Aus dem Englischen: GW 2, 1979].
24. »Psychophysische Untersuchungen mit dem Galvanometer und Pneumographen bei normalen und geisteskranken Individuen«. Brain, Bd. 30, Nr. 118. [Aus dem Englischen: GW 2, 1979].
25. »Weitere Untersuchungen über das galvanische Phänomen und die Respiration bei Normalen und Geisteskranken«. Journal of Abnormal Psychology, Bd. 2, Heft 5. [Aus dem Englischen: GW 2, 1979].

1908

26. »Die Freudsche Hysterietheorie«. Monatsschrift für Psychiatrie und Neurologie, Bd. 23. Heft 4. [GW 4, 1969].
27. »Der Inhalt der Psychose«. Vortrag gehalten am 16. Jan. 1908 im Rathaus Zürich. Deuticke, Leipzig und Wien. 2. revidierte und erweiterte Aufl. 1914. [GW 2, 1979].
28. C. G. Jung und E. Bleuler: »Komplexe und Krankheitsursachen bei Dementia praecox«. Zentralblatt für Nervenheilkunde und Psychiatrie, Bd. 31, Heft 2.

1909

29. »Vorbemerkung der Redaktion«. Jahrbuch für Psychoanalytische und Psychopathologische Forschungen, Bd. 1. [GW 18/I, 1981].
30. *Die Bedeutung des Vaters für das Schicksal des Einzelnen.* Jahrbuch für Psychoanalytische und Psychopathologische Forschungen, Bd. 1. Deuticke, Leipzig und Wien. 2. Aufl. mit einer Vorrede, 1927; 3. umgearbeitete Aufl., Rascher, Zürich, 1949; 4. umgearbeitete und revidierte Auflage 1962. [GW 4, 1969].
31. *Diagnostische Assoziationsstudien.* Bd. 2, Barth, Leipzig. 2. Aufl. 1911; 3. Aufl. 1915.
    1. Assoziation, Traum und hysterisches Symptom. [GW 2, 1979]. (Siehe Nr. 16).
    2. Über die Reproduktionsstörungen beim Assoziationsexperiment. [GW 2, 1979]. (Siehe Nr. 22).
32. »Randbemerkungen zum Buch von Fr. Wittel, *Die sexuelle Not*«. Jahrbuch für Psychoanalytische und Psychopathologische Forschungen, Bd. 2. [GW 18/I, 1981].
33. »Traumanalyse«. Année psychologique, Bd. 15. [Aus dem Französischen: GW 4, 1969].

1910

34. »Referate über psychologische Arbeiten schweizerischer Autoren (bis Ende 1909)«. Jahrbuch für Psychoanalytische und Psychopathologische Forschungen, Bd. 2. [GW 18/I, 1981].
35. »Bericht über Amerika«. Jahrbuch für Psychoanalytische und Psychopathologische Forschungen, Bd. 2. [GW 18/ II , 1981].
36. »Die an der Psychiatrischen Klinik in Zürich gebräuchlichen Untersuchungsmethoden«. Zeitschrift für angewandte Psychologie, Bd. 3. [GW 2, 1979].
37. »Ein Beitrag zur Psychologie des Gerüchtes«. Zentralblatt für Psychoanalyse, Bd. 1, Heft 3. [GW 4, 1969].
38. *Über die Konflikte der kindlichen Seele.* Jahrbuch für Psychoanalytische und Psychopathologische Forschungen, Bd. 2. Deuticke, Leipzig und Wien, 1910. 2. Aufl. 1916; 3. Aufl., Rascher, Zürich, 1939 (Siehe Nr. 187/2).
39. »Zur Kritik über Psychoanalyse«. Jahrbuch für Psychoanalytische und Psychopathologische Forschungen, Bd. 2. [GW 4, 1969].
40. »Besprechung von Staatsanwalt Dr. E. Wulffen. *Der Sexualverbrecher*«. Jahrbuch für Psychoanalytische und Psychopathologische Forschungen, Bd. 2.

[GW 18/I, 1981].

41. »Die Assoziationsmethode«. American Journal of Psychology, Bd. 21, Heft 2. [Aus dem Englischen: GW 2, 1979].

1911

42. »Ein Beitrag zur Kenntnis des Zahlentraumes«. Zentralblatt für Psychoanalyse, Bd. 1, Heft 12. [GW 4, 1969].
43. »Morton Prince. M. D., *The Mechanism and Interpretation of Dreams,* eine kritische Besprechung«. Jahrbuch für Psychoanalytische und Psychopathologische Forschungen, Bd. 3. [GW 4, 1969].
44. »Kritik über E. Bleuler, *Zur Theorie des schizophrenen Negativismus*«. Jahrbuch für Psychoanalytische und Psychopathologische Forschungen, Bd. 3. [GW 3, 1968].
45. »Besprechung von E. Hitschmann, *Freuds Neurosenlehre*«. Jahrbuch für Psychoanalytische und Psychopathologische Forschungen, Bd. 3. [GW 18/I, 1981].

1912

46. *Wandlungen und Symbole der Libido.* Ein Beitrag zur Entwicklungsgeschichte des Denkens. Jahrbuch für Psychoanalytische und Psychopathologische Forschungen, Bd. 3 (1911) und 4. Deuticke, Leipzig und Wien, 1912; 4. revidierte und erweiterte Aufl., Rascher, Zürich, 1952, mit dem Titel *Symbole der Wandlung.* (Siehe Nr. 211).
47. »Neue Bahnen der Psychologie«. Raschers Jahrbuch für Schweizer Art und Kunst, Bd. 3. [GW 7, 1964]. (Siehe Nr. 62).
48. »Psychoanalyse«. Neue Zürcher Zeitung, 10. Jan., Nr. 10, (Nr. 38). [GW 18/I, 1981].
49. »Zur Psychoanalyse«. Neue Zürcher Zeitung, 17. Jan., Nr. 17, (Nr. 72). [GW 18/I, 1981].
50. »Zur Psychoanalyse«. Wissen und Leben, Bd. 9, Heft 10. [GW 4, 1969].
51. »Über Psychoanalyse beim Kinde«. Ier congrès international de Pédagogie, Bruxelles 1911. Misch at Thron, Brüssel 1912. (Siehe Nr. 53, in welcher diese Schrift aufgenommen wurde).
52. »Über die psychoanalytische Behandlung nervöser Leiden«. Correspodenz-Blatt für Schweizer Ärzte, Bd. 42. [GW 18/I, 1981].

1913

53. *Versuch einer Darstellung der psychoanalytischen Theorie.* Jahrbuch für Psychoanalytische und Psychopathologische Forschungen, Bd. 5. Deuticke, Leipzig und Wien, 1913. 2., ergänzte Aufl. Rascher, Zürich, 1955. [GW 4, 1969].
54. »Eine Bemerkung zur Tauskschen Kritik der Nelkschen Arbeit«. Internationale Zeitschrift für ärztliche Psychoanalyse, Bd. 1. [GW 18/I, 1981].
55. »Psycho-Analysis«. Transactions of the Psycho-Medical Society, Bd. 4, Heft 2. [Aus dem Englischen: GW 4, 1969].
56. »Zur Frage der psychologischen Typen«. Archives de psychologie, Bd. 13, Heft

52. [GW 6, 1960].

1914

57. *Psychotherapeutische Zeitfragen*. Ein Briefwechsel von C. G. Jung und R. Loy. Deuticke, Leipzig und Wien. [GW 4, 1969].
58. »Über die Bedeutung des Unbewussten in der Psychopathologie«. British Medical Journal, Bd. 2. [Aus dem Englischen: GW 3, 1968].

1915

59. »Über das psychologische Verständnis pathologischer Vorgänge«. Journal of Abnormal Psychology. Bd. 9, Heft 6. [Aus dem Englischen: GW 3, 1968].

1916

60. »Die Struktur des Unbewussten«. Archives de psychologie, Bd. 13, Heft 52. [Aus dem Französischen: GW 7, 1964].
61. »Die transzendente Funktion«. Privatdruck, erst später veröffentlicht. (Siehe Nr. 241).

1917

62. *Die Psychologie unbewusster Prozesse*. Schriften zur angewandten Seelenkunde. 2. veränderte und vermehrte Aufl. von »Neue Bahnen der Psychologie« (Nr. 47), Rascher, Zürich. (Siehe Nr. 71).

1918

63. »Über das Unbewusste«. Schweizerland, Bd. 4, Heft 9, 11–12. [GW 10, 1974].

1919

64. »Über das Problem der Psychogenese bei Geisteskranken«. Proceedings of the Royal Society of Medicine, Bd. 12, Heft 3. [Aus dem Englischen: GW 3, 1968].

1921

65. *Psychologische Typen*. Rascher, Zürich. [GW 6, 1960].
66. »Der therapeutische Wert des Abreagierens«. British Journal of Psychology, Bd. 2, Heft 1. [Aus dem Englischen: GW 16, 1958].

1922

67. »Über die Beziehungen der analytischen Psychologie zum dichterischen Kunstwerk«. Wissen und Leben, Bd. 15, Heft 19–20. [GW 15, 1971]. (Siehe Nr. 102/2).

1925

68. »Psychologische Typen«. Zeitschrift für Menschenkunde, Bd. 1, Heft 1. [GW 6, 1960].
69. »Die Ehe als psychologische Beziehung«. In: Hermann Keyserling, *Das Ehe-Buch*. Kampmann, Celle. [GW 17, 1972]. (Siehe Nr. 102/10).

1926

70. »Geist und Leben«. Form und Sinn, Bd. 2, Heft 2. [GW 8, 1967]. (Siehe Nr. 102/12).
71. *Das Unbewusste im normalen und kranken Seelenleben.* Rascher, Zürich, 3. vermehrte und verbesserte Aufl. von *Die Psychologie unbewusster Prozesse* (Nr. 62), Rascher, Zürich; 4. Aufl. 1936. (Siehe Nr. 172)
72. *Analytische Psychologie und Erziehung.* Kampmann, Heidelberg. 2. Aufl., Rascher, Zürich, 1936. (Siehe Nr. 187/1).

1927

73. »Die Erdbedingtheit der Psyche«. In: Hermann Keyserling, *Mensch und Erde.* Reichl, Darmstadt. (Siehe Nr. 80 und 102/7).
74. *Die Frau in Europa.* Europäische Revue, Jg. 3, Nr. 7. Verlag der Neuen Schweizer Rundschau, Zürich, 1929. 2. Aufl. Rascher, Zürich, 1932. [GW 10, 1974].

1928

75. *Die Beziehungen zwischen dem Ich und dem Unbewussten.* Reichl, Darmstadt. 2. Auflage, Rascher, Zürich, 1935. 6. revidierte Aufl., Rascher Paperback, 1963; [GW 7, 1964].
76. »Heilbare Geisteskranke?« Berliner Tagblatt, Nr. 189. [GW 3, 1968].
77. »Die Bedeutung der schweizerischen Linie im Spektrum Europas«. Neue Schweizer Rundschau, Bd. 34, Heft 6. [GW 10, 1974].
78. »Das Seelenproblem des modernen Menschen«. Europäische Revue, Jg. 4, Nr. 2. (Siehe Nr. 102/13).
79. *Über die Energetik der Seele.* (Psychologische Abhandlungen Bd. 2). Rascher, Zürich. 2. Aufl., vermehrt und verbessert mit dem Titel: *Über Energetik und das Wesen der Träume*, 1948. [GW 8, 1967]. (Siehe Nr. 196).
    1. Über die Energetik der Seele. (Siehe Nr. 196/1).
    2. Allgemeine Gesichtspunkte zur Psychologie des Traumes. (Siehe Nr. 196/3).
    3. Instinkt und Unbewusstes. (Siehe Nr. 196/5).
    4. Die psychologischen Grundlagen des Geisterglaubens. (Siehe Nr. 196/6).
80. »Die Struktur der Seele«. Europäische Revue, Jg. 4, Nr. 1–2. (Siehe Nr. 73 und 102/6).
81. »Psychoanalyse und Seelsorge«. Sexual- und Gesellschaftsethik, Bd. 5, Heft 1. [GW 11, 1963].
82. »Über das Liebesproblem des Studenten«. Deutsch erstmals erschienen in: *Der Einzelne in der Gesellschaft*, Studienausgabe, Walter-Verlag, Olten und Freiburg/Br., 1971. [GW 10, 1974].
83. »Die Bedeutung des Unbewussten für die individuelle Erziehung«. Deutsch erstmals erschienen in: *Der Einzelne in der Gesellschaft*, Studienausgabe, Walter-Verlag, Olten und Freiburg/Br., 1971. [GW 17, 1972].

1929

84. »Der Gegensatz Freud und Jung«. Kölnische Zeitung, 7. Mai, Nr. 2496 (Abendausgabe). [GW 4, 1969]. (Siehe Nr. 102/3).

85. C. G. Jung und R. Wilhelm, »Tschung Scheng Schu; Die Kunst, das menschliche Leben zu verlängern«. Europäische Revue, Jg. 5, Nr. 2, überarbeitet und vermehrt in Nr. 86.
86. C. G. Jung und R. Wilhelm, *Das Geheimnis der goldenen Blüte*. Aus dem Chinesischen übersetzt von R. Wilhelm. Europäischer Kommentar von C. G. Jung. Dorn, München. (Siehe Nr. 153).
87. »Die Probleme der modernen Psychotherapie«. Schweizerisches medizinisches Jahrbuch. [GW 16, 1958]. (Siehe Nr. 102/1).
88. »Paracelsus«. Der Lesezirkel, Bd. 16, Heft 10. [GW 15, 1971]. (Siehe Nr. 123/4).
89. »Ziele der Psychotherapie«. Bericht über den 4. allgemeinen ärztlichen Kongress für Psychotherapie. [GW 16, 1958]. (Siehe Nr. 102/4).
90. »Die Bedeutung von Konstitution und Vererbung für die Psychologie«. Die medizinische Welt, Bd. 3, Heft 47. [GW 8, 1967].

1930

91. »Die seelischen Probleme der menschlichen Altersstufen«. Neue Zürcher Zeitung, 14. und 16. März. (Siehe Nr. 102/9).
92. »Nachruf für Richard Wilhelm«. Neue Zürcher Zeitung, 6. März, Blatt 1, [GW 15, 1971]. (Siehe Nr. 153/2).
93. »Einführung zu Dr. W. M. Kranefeldts Buch *Die Psychoanalyse*«. De Gruyter, Sammlung Göschen, Berlin und Leipzig. 2. Aufl. 1950, mit dem Titel *Therapeutische Psychologie*. [GW 4, 1969].
94. »Psychologie und Dichtung«. In: Emil Ermatinger, *Philosophie der Literaturwissenschaft*. Junker und Dünnhaupt, Berlin. (Siehe Nr. 205/1 und 217).
95. »Der Aufgang einer neuen Welt«. Eine Besprechung von Hermann Keyserlings *America Set Free*. Neue Zürcher Zeitung, 7. Dez., Blatt 4, Nr. 2378. [GW 10, 1974].
96. »Einige Aspekte der modernen Psychotherapie«. Journal of State Medicine, Bd. 38, Heft 6. [Aus dem Englischen: GW 16, 1958].
97. »Amerikanische Psychologie«. Forum, Bd. 83, Heft 4. [Aus dem Englischen: GW 10, 1974].

1931

98. »Einführung zu F. G. Wickes, *Analyse der Kindesseele*«. 2. Aufl. Rascher Paperback, 1968. [GW 17, 1972].
99. »Der archaische Mensch«. Europäische Revue, Jg. 7, Nr. 1 und 3. (Siehe Nr. 102/8).
100. »Vorwort zu H. Schmid-Guisan *Tag und Nacht*«. Rhein-Verlag, ZürichMünchen. [GW 18/II, 1981].
101. »Die Entschleierung der Seele«. Europäische Revue, Jg. 7, Nr. 2 und 7. (Siehe Nr. 123/1).
102. *Seelenprobleme der Gegenwart*. (Psychologische Abhandlungen Bd. 3). Rascher, Zürich, 5. Aufl. 1950. 6. revidierte Aufl., Rascher, Paperback, 1969.
    1. Probleme der modernen Psychotherapie. [GW 16, 1958]. (Siehe Nr. 87).

2. Über die Beziehungen der analytischen Psychologie zum dichterischen Kunstwerk. [GW 15, 1971]. (Siehe Nr. 67).
3. Der Gegensatz Freud und Jung. [GW 4, 1969]. (Siehe Nr. 84).
4. Ziele der Psychotherapie. [GW 16, 1958]. (Siehe Nr. 89).
5. Psychologische Typologie. [GW 6, 1960].
6. Die Struktur der Seele. [GW 8, 1967]. (Siehe Nr. 80).
7. Seele und Erde. [GW 10, 1974]. (Siehe Nr. 73).
8. Der archaische Mensch. [GW 10, 1974]. (Siehe Nr. 99).
9. Die Lebenswende. [GW 8, 1967]. (Siehe Nr. 91).
10. Die Ehe als psychologische Beziehung. [GW 17, 1972]. (Siehe Nr. 69).
11. Analytische Psychologie und Weltanschauung. [GW 8, 1967].
12. Geist und Leben. [GW 8, 1967]. (Siehe Nr. 70).
13. Das Seelenproblem des modernen Menschen. [GW 10, 1974]. (Siehe Nr. 78).

103. »Zur Psychologie der Individuation«. Vorlesung im deutschen Psychologischen Seminar, Seminarberichte 1930/31, Privatdruck.

1932

104. »Vorwort zu O. A. Schmitz, *Märchen aus dem Unbewussten*«. Hanser, München. [GW 18/II, 1981].
105. *Die Beziehungen der Psychotherapie zur Seelsorge*. Rascher, Zürich. 2. Aufl. 1948. [GW 11, 1963].
106. »Nachruf für Dr. H. Schmid-Guisan«. Basler Nachrichten, Nr. 113, 25. April. [GW 18/II, 1981].
107. »Ulysses«. Europäische Revue, Jg. 8, Nr. 2 und 9. (Siehe Nr. 123/6).
108. »Sigmund Freud als kulturhistorische Erscheinung«. Charakter, Bd. 1, Heft 1. [GW 15, 1971]. (Siehe Nr. 123/5).
109. »Die Hypothese des Kollektiven Unbewussten«. Vortrag in der Naturforschenden Gesellschaft Zürich. Autoreferat in der Vierteljahresschrift der Naturforschenden Gesellschaft, Beer, Zürich, Bd. 77. [GW 18/II, 1981].
110. »Picasso«. Neue Zürcher Zeitung, 13. Nov. Blatt 2, Nr. 2107. [GW 15, 1971]. (Siehe Nr. 123/7).
111. »Wirklichkeit und Überwirklichkeit«. Querschnitt, Bd. 12, Heft 12. [GW 8, 1967].

1933

112. »Über Psychologie«. Neue Schweizer Rundschau, Bd. 1, Heft 1–2. (Siehe Nr. 123/2).
113. »Geleitwort des Herausgebers«. Zentralblatt für Psychotherapie, Bd. 6, Heft 3. [GW 10, 1974].
114. »Bruder Klaus«. Neue Schweizer Rundschau, Bd. 1, Heft 4. [GW 11, 1963].
115. »Besprechung von G. R. Heyer, *Organismus der Seele*«. Europäische Revue, Jg. 9, Nr. 10. [GW 18/II, 1981].
116. »Bericht über das deutsche Seminar im Psychologischen Club Zürich«. Privatdruck.

1934

117. »Geleitwort zu G. Adler, *Entdeckung der Seele*«. Rascher, Zürich. [GW 18/II, 1981].
118. »Zur gegenwärtigen Lage der Psychotherapie«. Zentralblatt für Psychotherapie und ihre Grenzgebiete, Bd. 7, Heft 1. [GW 10, 1974].
119. »Zeitgenössisches«. Entgegnung auf Dr. Ballys Artikel »Deutschstämmige Psychotherapie«. Neue Zürcher Zeitung, 13. März, Blatt 1, Nr. 437 und 14. März, Blatt 1, Nr. 443. [GW 10, 1974].
120. »Ein Nachtrag«. Neue Zürcher Zeitung, 15. März, Blatt 8, Nr. 457. [GW 10, 1974].
121. »Über Komplextheorie«. Zentralblatt für Psychotherapie, Bd. 7, Heft 2. [GW 8, 1967].
122. »Seele und Tod«. Europäische Revue, Jg. 10, Nr. 4. [GW 8, 1967]. (Siehe Nr. 123/9).
123. *Wirklichkeit der Seele.* Anwendungen und Fortschritte der neueren Psychologie. (Psychologische Abhandlungen Bd. 4). Rascher, Zürich. 4. revidierte Aufl., Rascher Paperback, 1969).
    1. Das Grundproblem der gegenwärtigen Psychologie. [GW 8, 1967]. (Siehe Nr. 101).
    2. Die Bedeutung der Psychologie für die Gegenwart. [GW 10, 1974]. (Siehe Nr. 112).
    3. Die praktische Verwendbarkeit der Traumanalyse. [GW 16, 1958].
    4. Paracelsus. [GW 15, 1971]. (Siehe Nr. 88).
    5. Sigmund Freud als kulturhistorische Erscheinung. [GW 15, 1971]. (Siehe Nr. 108).
    6. Ulysses. [GW 15, 1971]. (Siehe Nr. 107).
    7. Picasso. [GW 15, 1971]. (Siehe Nr. 110).
    8. Vom Werden der Persönlichkeit. [GW 17, 1972).
    9. Seele und Tod. [GW 8, 1967]. (Siehe Nr. 122).
    10. Der Gegensatz von Sinn und Rhythmus im seelischen Geschehen. (Von W. M. KRANEFELDT).
    11. Ewige Analyse. (Von W. M. KRANEFELDT).
    12. Ein Beitrag zum Problem des Animus. (Von EMMA JUNG).
    13. Der Typengegensatz in der jüdischen Religionsgeschichte. (Von H. ROSENTHAL).
124. »Über Träume«. Vorlesungen im Psychologischen Seminar Berlin. Berichte über das Berliner Seminar 1934, Privatdruck.
125. »Zur Empirie des Individuationsprozesses«. Eranos-Jahrbuch 1933. Rhein-Verlag, Zürich. (Siehe Nr. 205/3).
126. »Ein neues Buch H. Keyserling«. Besprechung von Keyserlings *La révolution mondiale*. Sonntagsblatt der Basler Nachrichten, 13. Mai, Jg. 28, Nr. 19. [GW 10, 1974].
127. »Geleitwort zur Volksausgabe von Schleichs Schriften. *Die Wunder der Seele*«. Fischer, Berlin. [GW 18/II, 1981].
128. *Allgemeines zur Komplextheorie.* Antrittsvorlesung an der ETH. Kultur-

und staatswissenschaftliche Schriften der Eidgenössischen Technischen Hochschule. Sauerländer, Aarau. [GW 8, 1967]. (Siehe Nr. 196/2).

1935

129. »Über die Archetypen des kollektiven Unbewussten«. Eranos-Jahrbuch 1934, Rhein-Verlag, Zürich. (Siehe Nr. 216/1).
130. »Geleitwort«. Zentralblatt für Psychotherapie, Bd. 8, Heft 1. [GW 10, 1974].
131. »Geleitwort«. Zentralblatt für Psychotherapie, Bd. 8, Heft 2. [GW 10, 1974].
132. »Grundsätzliches zur praktischen Psychotherapie«. Zentralblatt für Psychotherapie und ihre Grenzgebiete, Bd. 8, Heft 2. [GW 16, 1958].
133. »Was ist Psychotherapie?« Schweizerische Ärztezeitung für Standesfragen, Bd. 16, Nr. 26. [GW 16, 1958].
134. »Votum von C. G. Jung«. Schweizerische Ärztezeitung, Bd. 16, Nr. 26. [GW 10, 1974].
135. »Vorwort zu R. Mehlich, *J. H. Fichtes Seelenlehre und ihre Beziehung zur Gegenwart*«. Rascher, Zürich. [GW 18/II, 1981].
136. »Vorwort zu Esther Harding, *Der Weg der Frau*«. Rhein-Verlag, Zürich. 2. Aufl. 1939; 3. Aufl. 1943. [GW 18/II, 1981].
137. »Vorwort zu O. von König-Fachsenfels, *Wandlungen des Traumproblems von der Romantik bis zur Gegenwart*«. F. Enke, Stuttgart. [GW 18/II, 1981].
138. »Psychologischer Kommentar zum ›Bardo Thödol‹«. In: *Das Tibetanische Totenbuch*, herausg. von W. Y. Evans-Wentz, übersetzt und eingeleitet von L. Göpfert-March. Rascher, Zürich. [GW 11, 1963].
139. »Von der Psychologie des Sterbens«. Münchner Neueste Nachrichten, 2. Okt., Nr. 296. (Siehe Nr. 123/9).
140. »Psychologischer Kommentar zu Hauers Seminar über den Tantra Yoga«. Bericht über das Hauer-Seminar 1935. Privatdruck.

1936

141. »Psychologische Typologie«. Süddeutsche Monatshefte, Bd. 33, Heft 5. [GW 6, 1960].
142. »Wotan«. Neue Schweizer Rundschau, Bd. 3, Heft 11. [GW 10, 1974]. (Siehe Nr. 188/1).
143. »Besprechung von G. R. Heyer, *Praktische Seelenheilkunde*«. Zentralblatt für Psychotherapie und ihre Grenzgebiete, Bd. 9, Heft 3. [GW 18/ II, 1981].
144. »Traumsymbole des Individuationsprozesses«. Eranos-Jahrbuch 1935, Rhein-Verlag, Zürich. (Siehe Nr. 178/2).
145. »Über den Archetypus mit besonderer Berücksichtigung des Animabegriffes«. Zentralblatt für Psychotherapie und ihre Grenzgebiete, Bd. 9, Heft 5. (Siehe Nr. 216/2).
146. »Über den Begriff des Unbewussten«. St. Bartholomew's Hospital Journal, Bd. 44, Heft 3 und 4 (1937). [Aus dem Englischen: GW 9/I, 1976].

1937

147. »Die Erlösungsvorstellungen in der Alchemie«. Eranos-Jahrbuch, 1936, Rhein-Verlag, Zürich. (Siehe Nr. 178/3).
148. »Zur psychologischen Tatbestandsdiagnostik. Das Tatbestandsexperiment im Schwurgerichtsprozess Näf«. Archiv für Kriminologie, Bd. 100, Heft 1–2. [GW 2, 1979].
149. »Über die Archetypen«. Vortrag in Berlin, Seminarbericht, Privatdruck.
150. »Kinderträume«. Vorlesungen am psychologischen Seminar der ETH Zürich. Seminarberichte 1936/37, Privatdruck. [Seminare: Kinderträume].
151. »Psychologische Determinanten des menschlichen Verhaltens«. In: *Factors Determining Human Behavior*, Harvard University Press, Cambridge. [Aus dem Englischen: GW 8, 1967].

1938

152. »Einige Bemerkungen zu den Visionen des Zosimos«. Eranos-Jahrbuch 1937. Rhein-Verlag, Zürich. (Siehe Nr. 216/4).
153. C. G. JUNG und R. WILHELM, *Das Geheimnis der goldenen Blüte.* Ein chinesisches Lebensbuch. 2. revidierte und erweiterte Aufl. (Nr. 86), Rascher, Zürich; 3. Aufl. Walter-Verlag, Olten und Freiburg/Br., 1971.
    1. Vorrede zur 2. Aufl. [GW 13, 1978].
    2. Zum Gedächtnis Richard Wilhelms. [GW 15, 1971]. (Siehe Nr. 92).
    3. Europäischer Kommentar. [GW 13, 1978]. (Siehe Nr. 86).
    4. Beispiele europäischer Mandalas. [GW 9/I, 1976]. (Siehe Nr. 205/4).

1939

154. »Geleitwort zu D. T. Suzuki, *Die große Befreiung*«. Einführung in den Zen-Buddhismus. Curt Weller, Leipzig. 4. Aufl. Rascher, Zürich, 1958. [GW 11, 1963].
155. »Die psychologischen Aspekte des Mutterarchetypus«. Eranos-Jahrbuch 1938. Rhein-Verlag, Zürich. [GW 9/1, 1976]. (Siehe Nr. 216/3).
156. »Bewusstsein, Unbewusstes und Individuation«. Zentralblatt für Psychotherapie und ihre Grenzgebiete, Bd. 11, Heft 5. [GW 9/1, 1976].
157. »Sigmund Freud. Ein Nachruf«. Sonntagsblatt der Basler Nachrichten, 1. Okt., Nr. 40, Jg. 33. [GW 15, 1971].
158. »Kinderträume«. Vorlesungen am psychologischen Seminar der ETH, Zürich. Seminarbericht 1938/39, Privatdruck. [Seminare: Kinderträume].
159. »Über die Psychogenese der Schizophrenie«. Journal of Mental Science, Bd. 85, Nr. 358. [Aus dem Englischen: GW 3, 1968].

1940

160. »Die verschiedenen Aspekte der Wiedergeburt«. Eranos-Jahrbuch 1939. Rhein-Verlag, Zürich. (Siehe Nr. 205/2).
161. *Psychologie und Religion.* Die Terry Lectures 1937, gehalten an der von Yale University. Rascher, Zürich. 4. revidierte Aufl., Rascher Paperback, 1962; 5. stark erweiterte Aufl. in: Studienausgabe, Walter-Verlag, Olten und Freiburg/Br.,

1971. [GW 11, 1963].

162. »Geleitwort zu Jolande Jacobi, *Die Psychologie von C. G. Jung*«. Rascher, Zürich. 6. Aufl., Walter-Verlag, Olten und Freiburg/Br., 1972. [GW 18/ II, 1981].
163. »Psychologische Interpretation von Kinderträumen«. Vorlesungen am psychologischen Seminar der ETH, Zürich, Winter 1939/40, Privatdruck. [Seminare: Kinderträume].

1941

164. C. G. Jung und K. Kerényi, »Das göttliche Kind«. Albae Vigiliae, Heft 6/7, Pantheon Akademische Verlagsanstalt, Amsterdam/Leipzig. (Siehe Nr. 168/1).
165. C. G. Jung und K. Kerényi, »Das göttliche Mädchen«. Albae Vigiliae, Heft 8/9, Pantheon Akademische Verlagsanstalt, Amsterdam/Leipzig. (Siehe Nr. 168/2).
166. »Rückkehr zum einfachen Leben«. DU, Schweizer Monatszeitschrift, Jg. 1, Heft 3. [GW 18/ II, 1981].
167. »Paracelsus als Arzt«. Vortrag an der Jahresversammlung der Schweiz. Gesellschaft für Geschichte und Medizin und der Naturwissenschaften, Basel, Sept. 1941. Schweiz. Medizinische Wochenschrift, Jg. 71, Nr. 40. [GW 15, 1971]. (Siehe Nr. 169/1).
168. C. G. Jung und K. Kerényi, *Einführung in das Wesen der Mythologie.* Das göttliche Kind / Das göttliche Mädchen. Pantheon Akademische Verlagsanstalt, Amsterdam/Leipzig. revidierte Neuaufl.: Rhein-Verlag, Zürich, 1951.
    1. Zur Psychologie des Kind-Archetypus. [GW 9/I, 1976]. (Siehe Nr. 164).
    2. Zum psychologischen Aspekt der Kore-Figur. [GW 9/I, 1976]. (Siehe Nr. 165).

1942

169. *Paracelsia.* Zwei Vorlesungen über den Arzt und Philosophen Theophrastus, Rascher, Zürich, 1942.
    1. Paracelsus als Arzt. [GW 15, 1971]. (Siehe Nr. 167).
    2. Paracelsus als geistige Erscheinung. [GW 13, 1978].
170. »Zur Psychologie der Trinitätsidee«. Eranos-Jahrbuch 1940/41. Rhein-Verlag, Zürich. (Siehe Nr. 195/5).
171. »Das Wandlungssymbol in der Messe«. Eranos-Jahrbuch 1940/41. Rhein-Verlag, Zürich. (Siehe Nr. 216/5).

1943

172. *Über die Psychologie des Unbewussten.* 5. erweiterte und verbesserte Aufl. von *Das Unbewusste im normalen und kranken Seelenleben.* Rascher, Zürich. 8. Aufl. Rascher Paperback, 1966. [GW 7, 1964]. (Siehe Nr. 71).
173. »Der Geist Mercurius«. Eranos-Jahrbuch 1942. Rhein-Verlag, Zürich. (Siehe Nr. 195/3).
174. »Der Begabte«. Votum zum Thema ›Schule und Begabung‹, gehalten an der Jahresversammlung der Basler Staatl. Schul-Synode, Dezember 1942, Schweizer Erziehungs-Rundschau, Bd. 16, Heft 1. [GW 17, 1972]. (Siehe Nr. 187/3).

175. »Zur Psychologie östlicher Meditation«. Mitteilungen der Schweiz. Gesellschaft der Freunde ostasiatischer Kultur, Heft 5. [GW 11, 1963]. (Siehe Nr. 195/6).
176. »Psychotherapie und Weltanschauung«. Schweizerische Zeitschrift für Psychologie und ihre Anwendungen, Bd. 1, Heft 3. [GW 16, 1958]. (Siehe Nr. 188/3).
177. »Selbsterkenntnis und Tiefenpsychologie«. Interview mit Dr. Jolande Jacobi. DU, Schweizer Monatszeitschrift, Jg. 3, Heft 9. [GW 18/Ⅱ, 1981].

1944

178. *Psychologie und Alchemie.* (Psychologische Abhandlungen Bd. 5). Rascher, Zürich. 2. revidierte Aufl. 1952. [GW 12, 1972].
    1. Einleitung in die religionspsychologische Problematik der Alchemie. (Siehe Nr. 234/3).
    2. Traumsymbole des Individuationsprozesses. (Siehe Nr. 144).
    3. Die Erlösungsvorstellungen in der Alchemie. (Siehe Nr. 147).
    4. Epilog.
179. »Über den indischen Heiligen«. Vorwort und Einleitung zu H. Zimmer, *Der Weg zum Selbst,* herausg. von C. G. Jung. Rascher, Zürich. [GW 11, 1963].

1945

180. »Die Psychotherapie in der Gegenwart«. Schweizerische Zeitschrift für Psychologie und ihre Anwendungen Bd. 4, Heft 1. [GW 16, 1958]. (Siehe 188/2).
181. »Medizin und Psychotherapie«. Bulletin der Schweizerischen Akademie der medizinischen Wissenschaften, Bd. 1, Heft 5. [GW 16, 1958].
182. »Nach der Katastrophe«. Neue Schweizer Rundschau, Bd. 13, Heft 2. [GW 10, 1974]. (Siehe Nr. 188/4).
183. »Vom Wesen der Träume«. Ciba-Zeitschrift, Jg. 9, Nr. 99. [GW 8, 1967]. (Siehe Nr. 196/4).
184. »Das Rätsel von Bologna«. Beitrag zur Festschrift für Albert Oeri, herausg. von den Basler Nachrichten. (Siehe Nr. 222).
185. »Der philosophische Baum«. Verhandlungen der Naturforschenden Gesellschaft Basel, Bd. 56, 2. Teil. (Siehe Nr. 216/6).
186. *Psychologische Betrachtungen.* Eine Auslese aus den Schriften von C. G. Jung, zusammengestellt von Dr. Jolande Jacobi. Rascher, Zürich. 3. ergänzte Aufl. mit dem Titel *Mensch und Seele,* Walter-Verlag, Olten und Freiburg/Br., 1971.

1946

187. *Psychologie und Erziehung.* Rascher, Zürich. 4. revidierte Aufl. Rascher Paperback, 1970. [GW 17, 1972].
    1. Analytische Psychologie und Erziehung. (Siehe Nr. 72).
    2. Über Konflikte der kindlichen Seele. (Siehe Nr. 38).
    3. Der Begabte. (Siehe Nr. 174).
188. *Aufsätze zur Zeitgeschichte.* Rascher, Zürich.

1. Wotan. [GW 10, 1974]. (Siehe Nr. 142).
2. Die Psychotherapie in der Gegenwart. [GW 16, 1958]. (Siehe Nr. 180).
3. Psychotherapie und Weltanschauung. [GW 16, 1958]. (Siehe Nr. 176).
4. Nach der Katastrophe. [GW 10, 1974]. (Siehe Nr. 182).
5. Nachwort.

189. »Zur Psychologie des Geistes«. Eranos-Jahrbuch 1945. Rhein-Verlag, Zürich. (Siehe Nr. 195/2 und 234/4).
190. »Vorwort zu K. A. Ziegler, *Alchemie II*«. Bücherkatalog Nr. 17, Bern. [GW 18/ II, 1981].
191. *Die Psychologie der Übertragung.* Erläutert anhand einer alchemistischen Bilderserie für Ärzte und praktische Psychologen. Rascher, Zürich. [GW 16, 1958].

1947

192. »Der Geist der Psychologie«. Eranos-Jahrbuch 1946. Rhein-Verlag, Zürich. (Siehe Nr. 216/7 und 217/4).
193. »Vorwort zu Linda Fierz-David, *Der Liebestraum des Poliphilo*«. Ein Beitrag zur Psychologie der Renaissance und der Moderne. Rhein-Verlag, Zürich. [GW 18/ II, 1981].

1948

194. »Schatten, Animus und Anima«. Wiener Zeitschrift für Nervenheilkunde und deren Grenzgebiete, Bd. 1, Heft 4. [GW 9/ II, 1976]. (Siehe Nr. 210/1).
195. *Symbolik des Geistes.* Studien über psychische Phänomenologie mit einem Beitrag von Dr. Riwkah Schärf. (Psychologische Abhandlung Bd. 6). Rascher, Zürich, 2. Aufl. 1954.
    1. Vorwort.
    2. Zur Phänomenologie des Geistes im Märchen. [GW 9/I, 1976]. (Siehe Nr. 189 und 234/4).
    3. Der Geist Mercurius. [GW 13, 1978]. (Siehe Nr. 173).
    4. Die Gestalt des Satans im Alten Testament (von Dr. Riwkah Schärf).
    5. Versuch einer psychologischen Deutung des Trinitätsdogmas. [GW 11, 1963]. (Siehe Nr. 170).
    6. Zur Psychologie östlicher Meditation. [GW 11, 1963]. (Siehe Nr. 175).
196. *Über psychische Energetik und das Wesen der Träume.* (Psychologische Abhandlungen Bd. 2). Rascher, Zürich. 2. vermehrte und verbesserte Aufl. von *Über die Energetik der Seele* (Nr. 79). [GW 8, 1967].
    1. Über die Energetik der Seele. (Siehe Nr. 79/1).
    2. Allgemeines zur Komplextheorie. (Siehe Nr. 128).
    3. Allgemeine Gesichtspunkte zur Psychologie des Traumes. (Siehe Nr. 79/2).
    4. Vom Wesen der Träume. (Siehe Nr. 183).
    5. Instinkt und Unbewusstes. (Siehe Nr. 79/3).
    6. Die psychologischen Grundlagen des Geisterglaubens. (Siehe Nr. 79/4).
197. »Vorwort zu Stewart E. Withe. *Uneingeschränktes Weltall*«. Origo-Verlag, Zürich.

»Psychologie und Spiritismus«. Neue Schweizer Rundschau, Bd. 16, Heft 7. [GW 18/I, 1981].
198. »Vorwort zu Esther Harding, *Das Geheimnis der Seele«*. Rhein-Verlag, Zürich. [GW 18/ II, 1981].
199. »De Sulphure«. Nova Acta Paracelsica, Bd. 5. (Siehe Nr. 222).

1949

200. »Geleitwort zu Esther Harding, *Frauen-Mysterien«*. Rascher, Zürich. [GW 18/ II, 1981].
201. »Geleitwort zum ersten Band der Studien aus dem C. G. Jung-Institut Zürich: C. A. Meier, *Antike Inkubation und moderne Psychotherapie«*. Rascher, Zürich. [GW 18/ II, 1981].
202. »Über das Selbst«. Eranos-Jahrbuch 1948. Rhein-Verlag. (Siehe Nr. 210/1).
203. »Vorwort zu E. Neumann, *Ursprungsgeschichte des Bewusstseins«*. Rascher, Zürich. [GW 18/ II, 1981].
204. »Vorwort zu G. Adler, *Zur analytischen Psychologie«*. Rascher, Zürich. [GW 18/ II, 1981].

1950

205. *Gestaltungen des Unbewussten*. Mit einem Beitrag von ANIELA JAFFÉ. (Psychologische Abhandlungen Bd. 7). Rascher, Zürich.
    1. Psychologie und Dichtung. [GW 15, 1971]. (Siehe Nr. 94).
    2. Über Wiedergeburt. [GW 9/I, 1976]. (Siehe Nr. 160).
    3. Zur Empirie des Individuationsprozesses. [GW 9/I, 1976]. (Siehe Nr. 125).
    4. Über Mandalasymbolik. [GW 9/I, 1976]. (Siehe Nr. 153/4).
    5. Bilder und Symbole zu E. T. A. Hoffmanns Märchen »Der goldene Topf« (von ANIELA JAFFÉ).
206. »Vorwort zu Fanny Moser, *Spuk – Irrglaube oder Wahrglaube?«* Gyr, Baden, Aargau. [GW 18/I, 1981].
207. »Vorwort zu Lily Abegg, *Ostasien denkt anders«*. Zeitschrift: Atlantis, Zürich. [GW 18/ II, 1981].

1951

208. »Grundfragen der Psychotherapie«. Dialectica, Bd. 5, Nr. 1. [GW 16, 1958].
209. »Einführung zu Z. Werblowsky, *Lucifer and Prometheus. A study of Milton's Satan«*. Routledge and Kegan Paul, London. [Aus dem Englischen: GW 11, 1963].
210. *Aion.* Untersuchungen zur Symbolgeschichte. Mit einem Beitrag von Dr. MARIE-LOUISE VON FRANZ. (Psychologische Abhandlungen Bd. 8). Rascher, Zürich.
    1. Beiträge zur Symbolik des Selbst. [GW 9/ II, 1976]. (Siehe Nr. 202).
    2. Die Passio Perpetuae. (von Dr. MARIE-LOUISE VON FRANZ).

1952

211. *Symbole der Wandlung.* Analyse des Vorspiels zu einer Schizophrenie. Mit 300 Illustr., ausgewählt und zusammengestellt von Dr. Jolande Jacobi. 4. umgearbeitete Aufl. von *Wandlungen und Symbole der Libido.* (Nr. 46). Rascher, Zürich. [GW 5, 1973].
212. »Über Synchronizität«. Eranos-Jahrbuch 1951. Rhein-Verlag, Zürich. [GW 8, 1967].
213. *Antwort auf Hiob.* Rascher, Zürich. 3. revidierte Aufl. 1961; 4. Aufl., Rascher Paperback, 1967. [GW 11, 1963].
214. C. G. Jung und W. Pauli, *Naturerklärung und Psyche.* Studien aus dem C. G. Jung-Institut Zürich, Bd. 4. Rascher, Zürich.
    1. Synchronizität als Prinzip akausaler Zusammenhänge. [GW 8, 1967].
    2. Der Einfluss archetypischer Vorstellungen auf die naturwissenschaftlichen Theorien bei Kepler. (von W. Pauli).
215. »Religion und Psychologie«. Eine Antwort an Professor Buber. Merkur, Bd. 4, Heft 5. [GW 18/ II, 1981].

1954

216. *Von den Wurzeln des Bewusstseins.* Studien über den Archetypus. (Psychologische Abhandlungen Bd. 9). Rascher, Zürich.
    1. Über die Archetypen des kollektiven Unbewussten. [GW 9/I, 1976]. (Siehe Nr. 129 und 234/2).
    2. Über den Archetypus mit besonderer Berücksichtigung des Animabegriffes. [GW 9/I, 1976]. (Siehe Nr. 145).
    3. Die psychologischen Aspekte des Mutterarchetypus. [GW 9/I, 1976]. (Siehe Nr. 155).
    4. Die Vision des Zosimos. [GW 9/I, 1976]. (Siehe Nr. 152).
    5. Das Wandlungssymbol in der Messe. [GW 11, 1963]. (Siehe Nr. 171).
    6. Der philosophische Baum. [GW 13, 1978]. (Siehe Nr. 185).
    7. Theoretische Überlegungen zum Wesen des Psychischen. [GW 8, 1967]. (Siehe Nr. 192).
217. *Welt der Psyche.* Eine Auswahl zur Einführung, herausg. von Aniela Jaffé und G. P. Zacharias. Rascher, Zürich. (Kindler Taschenbücher Nr. 2010, München, 1965).
218. C. G. Jung, P. Radin und K. Kerényi, *Der göttliche Schelm.* Ein indianischer Mythen-Zyklus. Rhein-Verlag, Zürich.
    1. Zur Psychologie der Schelmenfigur. [GW 9/I, 1976].
219. »Zu den fliegenden Untertassen«. Weltwoche, Jg. 22, Nr. 1078. [GW 18/ II, 1981].
220. »Mach immer alles ganz und richtig«. Weltwoche, 10. Dez., Jg. 22, Nr. 1100. [GW 18/ II, 1981].

1955

221. »Vorwort zu G. Schmaltz, *Komplexe Psychologie und körperliches Symptom*«. Hippokrates-Verlag, Stuttgart. [GW 18/I, 1981].

222. *Mysterium Coniunctionis.* Bd. 1. Untersuchung über die Trennung und Zusammensetzung der seelischen Gegensätze in der Alchemie, unter Mitarbeit von Dr. MARIE-LOUISE FRANZ. (Psychologische Abhandlungen Bd. 10). Rascher, Zürich. [GW 14/I, 1968].
223. »Psychologischer Kommentar zum *Buch der großen Befreiung*«. In: W. Y. Evans-Wentz, *Das Tibetische Buch der großen Befreiung.* Barth, München. [GW 11, 1963].
224. »Mandalas«. DU, Schweiz. Monatsschrift, Jg. 23, Heft 4. [GW 9/I, 1976].
225. »Seelenarzt und Gottesglaube«. Weltwoche, Jg. 23, Nr. 1116.

1956

226. *Mysterium Coniunctionis.* Bd. 2. Untersuchung über die Trennung und Zusammensetzung der seelischen Gegensätze in der Alchemie, unter Mitarbeit von Dr. MARIE-LOUISE VON FRANZ. (Psychologische Abhandlungen Bd. 11). Rascher, Zürich. [GW 14/ II , 1968].
227. »Beitrag zu ›Das geistige Europa und die ungarische Revolution‹«. Kultur, Jg. 5, Nr. 73. [GW 18/ II , 1981].
228. »Wotan und der Rattenfänger«. Der Monat, Jg. 9, Heft 97. [Briefe III].

1957

229. »Vorwort zu V. White, *Gott und das Unbewusste*«. Rascher, Zürich. [GW 11, 1963].
230. »Vorwort zu Eleanor Bertine, *Menschliche Beziehungen.* Eine psychologische Studie«. Rhein-Verlag, Zürich. [GW 18/ II , 1981].
231. »Beitrag zu ›Aufstand der Freiheit‹«. Dokumente zur Erhebung des ungarischen Volkes. Artemis-Verlag, Zürich. [GW 18/ II , 1981].
232. »Vorwort zu Dr. Jolande Jacobi, *Komplex, Archetypus, Symbol in der Psychologie C. G. Jungs*«. Rascher, Zürich. [GW 18/ II , 1981].
233. »Vorrede zu Felicia Froboese-Thiele, *Träume, eine Quelle religiöser Erfahrung*«. Vandenhoeck und Ruprecht, Göttingen. [GW 18/ II , 1981].
234. *Bewusstes und Unbewusstes.* Beiträge zur Psychologie. Mit einem Vorwort von E. BÖHLER und einem Nachwort von ANIELA JAFFÉ. Fischer-Bücherei Nr. 175, Frankfurt am Main und Hamburg.
    1. Die Bedeutung der komplexen Psychologie C. G. Jungs für die Geisteswissenschaften und die Menschenbildung (von E. BÖHLER).
    2. Über die Archetypen des kollektiven Unbewussten. [GW 9/I, 1976]. (Siehe Nr. 129 und 216/1).
    3. Einleitung in die religionspsychologische Problematik der Alchemie. [GW 12, 1972]. (Siehe Nr. 178/1).
    4. Zur Phänomenologie des Geistes im Märchen. [GW 9/I, 1976). (Siehe Nr. 189 und 195/2).
    5. Zur Psychologie östlicher Meditation. [GW 11, 1963]. (Siehe Nr. 175 und 195/6).
    6. Nachwort. (Von ANIELA JAFFÉ).
235. *Gegenwart und Zukunft.* Schweizer Monatshefte, Jg. 36, Heft 12. Rascher,

Zürich. 4. Aufl., Rascher Paperback, 1964. [GW 10, 1974].
236. »Der Weihnachtsbaum«. Weltwoche, Jg. 25, Nr. 1259.

1958

237. »Die Schizophrenie«. Schweizer Archiv für Neurologie und Psychiatrie, Bd. 81, Heft 1–2. [GW 3, 1968].
238. »Nationalcharakter und Verkehrsverhalten«. Ein Brief. Zentralblatt für Verkehrsmedizin, Verkehrspsychologie und angrenzende Gebiete, Jg. 4, Heft 3. [Briefe Ⅲ].
239. »Ein astrologisches Experiment«. Zeitschrift für Parapsychologie und Grenzgebiete, Jg. 1, Nr. 2–3. [GW 18/ Ⅱ, 1981].
240. *Ein moderner Mythus.* Von Dingen, die am Himmel gesehen werden. Rascher Paperback, 1964. [GW 10, 1974].
241. »Die transzendente Funktion«. In: *Geist und Welt,* Festschrift zu Dr. Bródys 75. Geburtstag. Rhein-Verlag, Zürich. [GW 8, 1967]. (Siehe Nr. 61).
242. »Das Gewissen in psychologischer Sicht«. In: *Das Gewissen.* Studien aus dem C. G. Jung-Institut Zürich, Bd. 7. Rascher, Zürich. [GW 10, 1974].
243. »Vorrede zu Aniela Jaffé, *Geistererscheinungen und Vorzeichen*«. Eine psychologische Deutung. Rascher, Zürich. [GW 18/I, 1981].

1959

244. »Neuere Betrachtungen zur Schizophrenie«. Universitas, Bd. 14, Heft 1. [GW 3, 1968].
245. »Kommentar zu W. Pöldinger, *Zur Bedeutung bildnerischen Gestaltens in der psychiatrischen Diagnostik*«. Therapie des Monats, Bd. 9, Heft 2. [GW 18/ Ⅱ, 1981].
246. »Geleitwort zu O. Kankeleit, *Das Unbewusste als Keimstätte des Schöpferischen. Selbstzeugnisse von Gelehrten, Dichtern und Künstlern.*« Ernst Reinhardt, München und Basel. [GW 18/II, 1981].
247. »Vorwort zu Toni Wolff, *Studien zu C. G. Jungs Psychologie*«. Rhein-Verlag, Zürich. [GW 10, 1974].
248. »Gut und Böse in der analytischen Psychologie«. In: *Gut und Böse in der Psychotherapie: ein Tagungsbericht,* herausg. von W. Bitter, »Arzt und Seelsorger«. Klett-Verlag, Stuttgart. [GW 10, 1974].
249. »Über Psychotherapie und Wunderheilungen«. In: W. Bitter, *Magie und Wunder in der Heilkunde.* Klett-Verlag, Stuttgart. [Briefe Ⅲ].
250. »Vorwort zu Frieda Fordham, *Einführung in die Psychologie C. G. Jungs*«. Rascher, Zürich. [GW 18/ Ⅱ, 1981].
251. »Vorwort zu Cornelia Brunner: *Die Anima als Schicksals-Problem des Mannes*«. Studien aus dem C. G. Jung-Institut Zürich, Bd. 14. Rascher, Zürich 1963. [GW 18/ Ⅱ, 1981].

1961

252. »Zugang zum Unbewussten«. In: *Der Mensch und seine Symbole.* Aus dem Englischen übersetzt: Walter-Verlag, Olten und Freiburg/Br., 1968.
253. »Nachwort zu Arthur Koestler, *Von Heiligen und Automaten*«. Scherz-Verlag, Bern.
254. *Erinnerungen, Träume, Gedanken von C. G. Jung.* Aufgezeichnet und herausgegeben von Aniela Jaffé. Rascher, Zürich, 1962.

Autoren- und Personenregister, Sachregister sowie das Verzeichnis der deutschen Schriften von C. G. Jung wurden erstellt von Andreas Jacobi.

附录 1 其他著述译名对照

G. 阿德勒 :《发现心灵》
G. Adler: *Entdeckung der Seele*

约兰德・雅各比 :《个性化道路》
Jolande Jacobi: *Der Weg zur Individuation*

C. A. 迈尔 :《古代的宿庙求梦与现代的心理治疗》
C. A. Meier: *Antike Inkubation und moderne Psychotherapie*

约兰德・雅各比 :《关于弗洛伊德和荣格的两篇论文》
Jolande Jacobi: *Two Essays on Freud and Jung*

W. 克兰菲尔德 :《精神分析》
W. Kranefeldt: *Die Psychoanalyse*

埃玛・荣格 :《论阿尼姆斯问题》
Emma Jung: *Ein Beitrag zum Problem des Animus*

约兰德・雅各比 :《女性问题—婚姻问题》
Jolande Jacobi: *Frauenprobleme-Eheprobleme*

叔本华 :《人生的智慧》
Schopenhauer: *Aphorismen zur Lebensweisheit*

尼采 :《人性的，太人性的》
Nietzsche: *Menschliches-Allzumenschliches*

西格蒙德・弗洛伊德 :《日常生活中的精神病理学》
Sigmund Freud: *Zur Psychopathologie des Alltagslebens*

托妮・伍尔夫 :《荣格心理学研究》
Toni Wolff: *Studien zu C. G. Jungs Psychologie*

约兰德・雅各比 :《荣格心理学中的情结、原型、象征》
Jolande Jacobi: *Komplex, Archetypus, Symbol in der Psychologie von C. G. Jung*

卡尔・凯雷尼 :《神话的起源与基础》《神话本质入门》
Karl Kerényi: *Über Ursprung und Gründung in der Mythologie*
Einführung in das Wesen der Mythologie

赫伯特・西尔贝雷 :《神秘主义及其象征表现的问题》
Herbert Silberer: *Probleme der Mystik und ihrer Symbolik*

雅各布・伯麦 :《通神学著作》
Jakob Böhme: *Theosophische Werke*

K. W. 巴什 :《完形、象征和原型》
Kenower Weimar Bash: *Gastalt, Symbol und Archetypus*

约兰德・雅各比 :《心灵的面具：日常心理学探索》
Jolande Jacobi: *Die Seelenmaske: Einblicke in die* Psychologie des Alltags

《易经》(卫礼贤译注)
I Ging. Buch der Wandlungen (Richard Wilhelm)

马克斯・费尔沃恩 :《因果论和条件论的世界观》
Max Verworn: *Kausale und konditionale Weltanschauung*

附录 2 本书提及的荣格著述译名对照

《爱翁》
德语：*Aion*
英语：*Aion*

《本能与无意识》
德语：*Instinkt und Unbewusstes*
英语：*Instinct and the Unconscious*

《超越功能》
德语：*Die transzendente Funktion*
英语：*The Transcendent Function*

《东方冥想心理学》
德语：*Zur Psychologie östlicher Meditation*
英语：*The Psychology of Eastern Meditation*

《对立统一的秘密》
原文（拉丁文）：*Mysterium coniunctionis*

《对〈西藏度亡经〉的心理学评论》
德语：*Psychologischer Kommentar zum Bardo Thödol (das Tibetanische Totenbuch)*
英语：*Psychological Commentary on"The Tibetan Book of the Dead"*

《儿童原型心理学》
德语：*Zur Psychologie des Kindarchetypus*
英语：*The Psychology of the Child Archetype*

《〈分析心理学论文集〉序言》
德语：*Vorreden zu»Collected Papers on Analytical Psychology«*

《分析心理学与教育》
德语：*Analytische Psychologie und Erziehung*
英语：*Analytical Psychology and Education: Three Lectures*

《分析心理学与世界观》
德语：*Analytische Psychologie und Weltanschauung*
英语：*Analytic Psychology and Weltanschauung*

《个性化过程的个案研究》
德语：*Zur Empirie des Individuationsprozesses*
英语：*A Study in the Process of Individuation*

《个性化过程中的梦境象征》
德语：*Traumsymbole des Individuationsprozesses*
英语：*Individual Dream Symbolism in Relation to the Alchemy*

《共时性：非因果性联系原则》
德语：*Synchronizität als Prinzip akausaler Zusammenhänge*
英语：*Synchronicity: An Acausal Connecting Principle*

《关于重生》
德语：*Über Wiedergeburt*
英语：*Concerning Rebirth*

《关于曼荼罗象征》
德语：*Über Mandala Symbolik*
英语：*Concerning Mandala Symbolism*

《哈丁〈女人的奥秘〉序言》
德语：*Geleitwort zu Harding: Frauen-Mysterien*

《柯尔形象的心理学意义》
德语：*Zum psychologischen Aspekt der Korefigur*
英语：*The Psychological Aspects of the Kore*

《炼金术中的解脱观》
德语：*Die Erlösungsvorstellungen in der Alchemie*
英语：*Religious Ideas in Alchemy*

《灵魂与死亡》
德语：*Seele und Tod*
英语：*The Soul and Death*

《铃木大拙〈大自在：佛教禅学入门〉序言》
德语：*Vorwort zu Daisetz Teitaro Suzuki»Die große Befreiung. Einführung in den Zen-Buddhismus«*
英语：*Foreword to Suzuki's "Introduction to Zen Buddhism"*

《论分析心理学与文学作品的关系》
德语：*Über die Beziehungen der Analytischen Psychologie zum dichterischen Kunstwerk*
英语：*On the Relation of Analytical Psychology to Poetry*

《论心理的本质》
德语：*Theoretische Überlegungen zum Wesen des Psychischen*
英语：*On the Nature of the Psyche*

《论心理能量》
德语：*Über die Energetik der Seele*
英语：*On Psychic Energy*

《梦的本质》
德语：*Vom Wesen der Träume*
英语：*On the Nature of Dreams*

《梦的分析的实际应用》
德语：*Die praktische Verwendbarkeit der Traumanalyse*
英语：*The Practical Use of Dream-analysis*

《梦心理学通论》
德语：*Allgemeine Gesichtspunkte zur Psychologie des Traumes*
英语：*General Aspects of Dream Psychology*

《母亲原型的心理学视角》
德语：*Die Psychologischen Aspekte des Mutterarchetypus*
英语：*Psychological Aspects of the Mother Archetype*

《内心的结构》
德语：*Die Struktur der Seele*
英语：*The Structure of the Psyche*

《评太乙金华宗旨》
德语：*Kommentar zu»Das Geheimnis der goldenen Blüte«*
英语：*Commentary on "The Secret of the Golden Flower"*

《情结理论综述》
德语：*Allgemeines zur Komplextheorie*
英语：*A Review of the Complex Theory*

《人格的形成》
德语：*Vom Werden der Persönlichkeit*
英语：*The Development of Personality*

《荣格〈无意识形象〉前言》
德语：*Vorwort zu Jung»Gestaltungen des Unbewussten«*

《三位一体教义的心理学试解》
德语：*Versuch einer psychologischen Deutung des Trinitätsdogmas*
英语：*A Psychological Approach to the Dogma of the Trinity*

《童梦》
德语：*Kinderträume*

《童梦讲座》
德语：*Kindertraumseminar*

《无意识心理学》
德语：*Über die Psychologie des Unbewussten*
英语：*On the Psychology of the Unconscious*

《无意识形象》
德语：*Gestaltungen des Unbewussten*

《现代人的精神问题》
德语：*Das Seelenproblem des modernen Menschen*
英语：*The Spiritual Problem of Modern Man*

《现代神话：天现神物》
德语：*Ein moderner Mythus. Von Dingen, die am Himmel gesehen werden*
英语：*Flying Saucers: a Modern Myth*

《心理的现实：新心理学的应用与进步》（荣格主编）
德语：*Wirklichkeit der Seele. Anwendungen und Fortschritte der neueren Psychologie*

《心理类型》
德语：*Psychologische Typen*
英语：*Psychological Types*

《心理类型学》
德语：*Psychologische Typologie*
英语：*Four Papers on Psychological Typology*

《心理学与炼金术》
德语：*Psychologie und Alchemie*
英语：*Psychology and Alchemy*

《心理学与文学》
德语：*Psychologie und Dichtung*
英语：*Psychology and Literature*

《心理学与宗教》
德语：*Psychologie und Religion*
英语：*Psychology and Religion*

《心理治疗的目标》
德语：*Ziele der Psychotherapie*
英语：*The Aims of Psychotherapy*

《心理治疗实践的基本原则》
德语：*Grundsätzliches zur praktischen Psychotherapie*
英语：*Principles of Practical Psychotherapy*

《心灵与大地》
德语：*Seele und Erde*
英语：*Mind and Earth*

《移情心理学》
德语：*Psychologie der Übertragung*
英语：*Psychology of the Transference*

《瑜伽与西方》
德语：*Yoga und der Westen*
英语：*Yoga and the West*

《原始人类》
德语：*Der archaische Mensch*
英语：*Archaic Man*

《转化的象征》
德语：*Symbole der Wandlung*
英语：*Symbols of Transformation*

《自我与无意识的关系》
德语：*Die Beziehungen zwischen dem Ich und dem Unbewussten*
英语：*The Relations between the Ego and the Unconscious*

《左西莫斯的意象》
德语：*Die Visionen des Zosimos*
英语：*The Visions of Zosimos*